KB240771

한국의 외래·귀화 식물

글, 사진/박수현

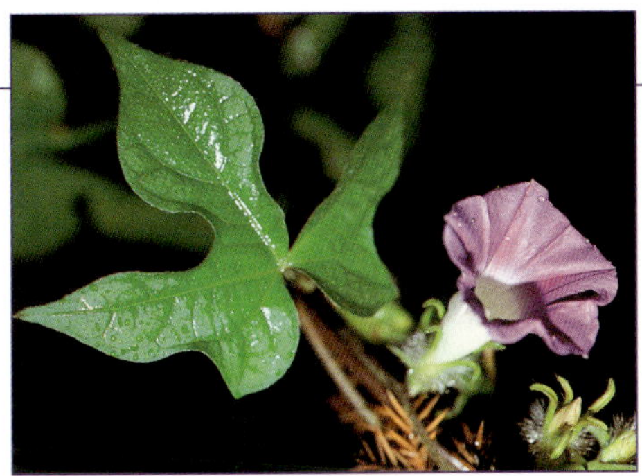

대원사

박수현 ————————————

경기도 여주에서 출생하여 조선
대학교 문리과대학 생물학과를
졸업하고 성균관대학교에서 생물
학과 석사학위를 받았다. 현재 서
울 인창고등학교 교사로 재직하
면서 한국식물분류학회 이사로
활동중이다. 「한국산 쥐오줌풀속
식물」,「한국 귀화식물에 관한 연
구」 외에 다수의 논문이 있고『한
국 귀화식물 원색도감』,『외래식
물 사진모음집』 등의 저서와 공
저로『한국 농식물자원 명감』이
있다.

도움 주신 분 ————————————
김동성 선생님
안학수 박사님

한국의 외래·귀화 식물

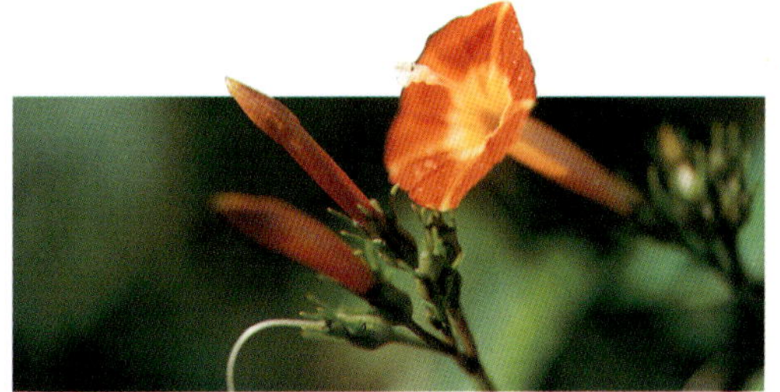

한국의 외래·귀화 식물

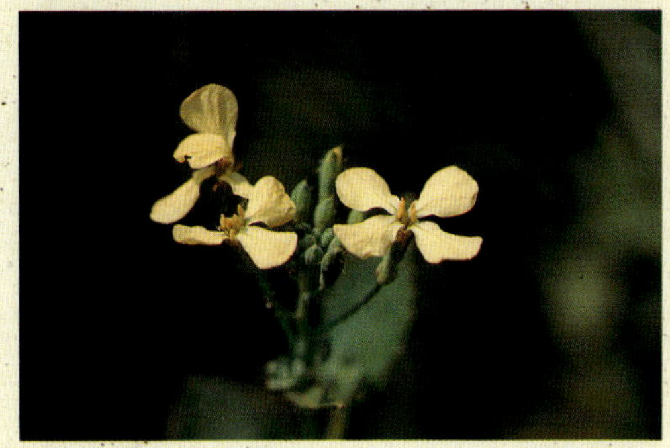

머리말

　우리나라에는 4,000여 종(種)의 자생 식물이 그들 나름대로의 생활 고리를 형성하고 안정된 자연 생태계를 유지하며 자리잡아 가고 있다.

　최근 주변 환경이 산업화, 도시화되면서 농경지가 택지로 조성되거나 공장과 도로 건설 등의 개발 사업으로 변화되고 자연의 질서가 무너지면서 안정된 생태계 일부가 파괴되었다. 또한 외국과의 교역이 확대되고 여행객 수가 증가하면서 알게 모르게 외래 식물이 이땅에 들어와 퍼지고 있다. 이 외래 식물들은 이제 인가 근처나 길가, 빈터, 하천 주변, 공단 주위 등 사람들에 의해 파헤쳐진 땅과 환경 오염 지대 어디에서나 자라고 있고 그 피해도 날로 심각해져 가고 있다.

　현재 밝혀진 귀화 식물은 약 220여 종이지만 귀화는 되었어도 아직 발견하지 못하여 알려지지 않은 종도 많으리라 생각되며 해마다 새로 유입되어 귀화하는 수도 적지 않을 것이다.

　귀화 식물은 원산지에서도 경지 잡초로 분류되는 것이 많은데 우리나라에 귀화된 식물들도 개망초, 망초, 좀명아주처럼 밭 잡초로 분류되거나 물참새피, 시리아수수새, 갯드렁새, 고사리새처럼 논 잡초로 분류되는 것이 대부분이다. 이들 가운데에는 농업상 많은 피해를 주고 있는 식물도 있는데 돼지풀이나 단풍잎돼지풀은 꽃가루 알레르기를 유발하여 국민 건강에 해를 끼치며 가시비름은 목장 지대에 들어가 축산업자를 괴롭히기도 한다. 또한 서양등골나물, 아까시나무, 가죽나무 등은 자연 생태계 속에 들어가 자생 식물을 밀어내고 그 자리를 차지하는 등 새로운 자연 질서 파괴 현상이 나타나고 있다.

이러한 외래 식물에 의한 피해가 알려지면서 우리 사회에서도 귀화 식물에 대해 많은 관심을 가지게 되었다. 그러나 한편으로 인간에 의해 훼손되고 파괴된 생태계에 이 식물들이 번식하여 빈터를 덮어 싸고 토양의 유실을 방지하며 광합성에 의한 공기 정화 기능을 수행함은 물론 천이(遷移) 과정의 개척자 역할을 하여 토양을 비옥하게 하는 등의 유익함도 발견할 수 있다. 그러나 귀화 식물에 대한 우리의 연구는 아직도 초보 단계에 있을 뿐만 아니라 전문 연구가의 층도 두텁지 않아 활발한 연구가 이루어지지 못하고 있는 실정이다.

기왕에 토착화된 것이라면 이제는 그들도 우리 자원으로 받아들여야 할 때이다. 따라서 그 가운데 유해한 것은 제거할 방법을 개발하고, 유용한 것은 이용 대책을 세워야 한다. 지금은 귀화 식물의 조사나 분포를 파악하는 기초 단계에 있지만 앞으로는 각 분야별로 전문성을 살려서 깊은 연구가 이루어져야 할 것이다.

이 책에서는 우리 주변에서 흔히 볼 수 있는 귀화 식물들을 주로 다루고 있으며 특히 농업, 축산업, 환경 등에 문제가 되는 귀화 잡초들을 선별하여 수록하였다. 또한 이해를 돕기 위하여 종마다 원산지, 귀화 시기, 국내 분포 현황, 주요 특징 등을 실었으며 과(科) 배열은 엥글러(A. Engler) 체계(1964년)에 따랐고, 과 내에서 종의 배열은 알파벳순으로 정리하였다.

귀화 식물에 대하여

귀화 식물이란

귀화 식물의 정의는 학자에 따라 다르나 대체로 '외국의 자생지로부터 인간의 매개에 의해 의식적 또는 무의식적으로 우리나라에 옮겨져 여러 세대를 반복하면서 야생화 내지는 토착화된 식물'을 말한다. 그러므로 필요에 의해 수입되어 사람의 도움을 받으며 자라는 재배 식물은 외래 식물이라도 귀화 식물은 아니다.

귀화 식물은 다음의 세 가지 조건을 갖추어야 한다. 첫째, 그 식물의 발생지 곧 원산지가 외국이어야 하며 외국에서 생육 장소를 우리나라로 옮겨온 식물이어야 한다. 둘째, 인간에 의하여 옮겨진 식물이어야 한다. 인간 삶의 필요에 의하여 개인이나 정책적으로 옮겨진 것으로 어저귀처럼 섬유용으로, 독말풀이나 나팔꽃류처럼 약용으로, 오리새나 자주개자리처럼 사료용 등으로 재배하다가 귀화되는 경우와 이와는 달리 돼지풀, 미국쑥부쟁이, 서양등골나물처럼 국제간의 교류를 통해 화물이나 사람의 몸에 묻어 우리도 모르는 사이에 옮겨 들어오거나 사료나 곡류에 섞여서 슬며시 들어오는 경우가 대부분이다. 셋째, 외래 식물이 우리나라에서 야생화되어 대를 거듭하는 생활 고리를 이루어야 한다. 겨우 싹이 터서 한 세대를 살고 사라지거나, 분포 지역을 넓히지 못하거나 자력으로 살아 남지 못하면 귀화 식물이 아니다.

사전 귀화 식물과 신귀화 식물

옛날 사람들은 살기 좋은 곳이나 먹이가 풍부한 곳을 찾아 부족 단위로 이동을 했다. 따라서 그때마다 필요로 하는 식물의 일부를 옮겨 놓았을 것이다. 그 뒤 농경 문화가 발달하면서 특히 벼의 도입과 함께 돌피, 강피, 물달개비, 마디꽃, 방동사니, 바람하늘지기 등 남방계 식물들이 들어오게 되었다. 이들을 사전 귀화 식물(史前歸化植物)이라고 한다. 이들 대부분은 귀화된 뒤 오랜 시간이 흘러 우리나라 각지에 광범위한 생활권을 형성하면서 논 잡초를 이루었다.

그 뒤 대륙 문화와 접촉이 이루어지면서 보리가 전래됐다. 이와 더불어 수영, 냉이, 벼룩이자리, 쇠별꽃, 질경이 등 유럽 식물이 중국을 경유하여 들어온 뒤 밭 잡초가 된 깃을 구귀화 식물이라고 분류하기도 한다. 그러나 우리나라의 벼나 보리의 도입 연대와 이에 수반하여 들어온 논이나 밭 잡초의 정확한 기록은 찾을 길이 없다. 그러므로 우리나라에서는 개항(1876년) 이진에 들어온 식물을 모두 묶어 사전 귀화 식물로 취급함이 마땅하다. 개항 이후에는 국내외 학자들에 의혜 우리나라의 식물 자원에 대한 조사와 연구가 활발하게 이루어졌고 많은 기록이 남아 있어 그 이입 시기와 경로를 대략 추측할 수 있게 됐다. 그러므로 개항 이후에 들어온 식물을 신귀화 식물(新歸化植物)이라 한다.

개항 이후에는 주로 일본을 경유해서 들어왔고 6·25 동란 이후 경제 발전과 국제 문화 교류의 증대로 최근에는 원산지에서 직접 들어오기도 하며 그 수가 급격히 증가하여 현재 220여 종에 달한다. 일반적으로 귀화 식물이라 함은 이 신귀화 식물을 이르는 말이다.

귀화 과정

교역이나 문화 교류를 통해 화물이나 사람의 몸에 씨가 묻거나 수입 곡류나 사료 등에 씨가 혼합되어 무의식적으로 이입된 경우에는 그 이입 시기나 방법 등이 분명하지 못한데 신귀화 식물의 대부분이 이에 속한다.

이렇게 무의식적으로 이입된 종자들은 땅에 떨어져 싹이 트고 자라면서 생활이 시작된다. 이 단계를 1차 귀화라고 하며 그 장소를 귀화 센터라 부른다. 우리나라에서는 귀화 센터에 대한 연구가 별로 없어서 꼬집어 제시할 만한 것이 많지 않다. 그러나 필자의 현장 답사 체험을 통해 보면 항구, 쓰레기 매립지, 도시 강변의 고수부지, 공항 부근, 목장 지대, 외국군 주둔지 등이 이에 해당된다.

항구는 외래 식물이 침입할 수 있는 여건이 가장 좋은 곳이다. 특히 외항선이 정박하면서 화물 하역이 이루어지고 창고에 화물이 보관되는 동안 묻어 들어온 외래 식물의 씨앗이 자연으로 탈출하여 발아하게 된다. 인천 남항 원목 적재소 부근에서 염소풀, 서양무아재비, 갯드렁새 등을 찾을 수 있었다.

대도시의 쓰레기 매립지 역시 중요하다. 서울의 난지도 쓰레기 매립지를 살펴보면 서울 시내 모든 지역의 쓰레기와 함께 들어온 외래 식물의 씨나 어린 개체를 한곳으로 모아 놓은 형국이다. 필자는 난지도에서 큰비자루국화, 털독말풀, 노랑까마중, 미국까마중 등 아직까지 우리나라에서 기록되지 않은 여러 종을 발견할 수 있었다.

각 도시를 통과하는 하천이나 고수부지도 귀화 센터이다. 고수부지에는 생활 쓰레기가 쌓이기도 하고 초지 조성을 인공적으로 하기도 하며, 때로는 주민들이 채소를 경작하느라 땅을 파헤쳐 놓는다. 한강 고수부지에서 노랑애기토끼풀, 선토끼풀, 주걱개망초 등 미기록 귀화 식물을 발견하기도 하였다.

공항 역시 외국과 직접 접촉하는 장소이다. 운송 화물, 비행기 바퀴 등에 씨가 묻어 들어와 인근 초지를 형성하므로 중요한 귀화 센터가 된다. 제주 공항 부근에서 발생한 큰참새피는 좋은 예이다.

외국군 주둔 지역 역시 중요한 귀화 센터가 된다. 단풍잎돼지풀, 돼지풀, 미국쑥부쟁이, 털별꽃아재비 등이 중부 지방의 포천, 운천, 문산 등지 외국군 주둔지 근처로부터 발생하였다.

목장 지대도 마찬가지다. 목초의 종자 수입 초지를 조성한 종류들의 일부가 자연 상태로 야생화되었다. 오리새, 자주개자리 등이 좋은 예이다.

귀화 센터에서 1차 귀화가 이루어진 식물은 세대를 거듭하는 생활 고리를 반복하면서 점차 분포 지역을 넓혀 나가는 2차 귀화의 단계로 들어간다. 1992년 서울의 난지도에서 발생한 큰비자루국화는 처음 상암 동쪽 저변에 발생되어 1994년에는 난지도 전역을 덮었고 한강 고수부지 쪽으로 퍼져 지금은 중부 지방에까지 분포 지역이 확장되었다.

그러나 귀화 식물의 대부분은 식물의 군집 천이 과정에서 다음 단계 식물에 의해 소멸되고 만다. 따라서 이들은 새로운 생육지를 찾아 계속 2차 귀화를 할 수밖에 없다. 이들이 정착하여 살 수 있는 장소란 사람들이 파헤쳐 놓은 땅이다. 택지나 공장 부지 조성을 비롯하여 도로 공사 등 개발이라는 미명 아래에 이루어진 자연이 파괴된 모든 장소와 농경지가 2차 귀화지이다.

원산지

외래 식물의 원산지를 찾는 것은 쉬운 일이 아니다. 예를 들면 도꼬마리처럼 열매에 갈고리 모양의 가시가 많아서 사람은 물론 소나 말의 몸에 묻어서 옮겨지는 종류는 그 원산지를 알 길이 없다. 또 아시아가 발생지이면서도 옛날에 유럽으로 옮겨졌고 그 뒤에 유럽에서 최초로 기록되어 유럽 원산으로 보고 있는 경우도 있을 수 있다. 그러나 주된 발생지를 근거로 하여 원산지를 밝힐 수 있다. 우리나라 귀화 식물의 원산지를 보면 아래의 표와 같다.

우리나라 귀화 식물의 원산지(『자연보존』 제85호, 41쪽 참조)

원산지	중국	아시아	열대	인도	유럽	북미	중미	남미	호주	아프리카	기타	계
종수	9	14	4	3	75	43	17	11	1	2	2	181
백분율(%)	5	7.7	2.2	1.7	41.4	24	9.4	6.1	0.5	1.1	1.1	100

귀화 시기

문헌 기록을 중심으로 귀화 시기를 추정하면 다음과 같다.

귀화 식물의 이입 시기(『자연보존』 제85호, 41쪽 참조)

시기	이입 제1기		이입 제2기			이입 제3기		계
	1911 이전	1912~1921	1922~1937	1938~1949	1950~1963	1964~1980	1981~1993	
종수	43	25	4	17	9	48	35	181
백분율(%)	23.8	13.8	2.2	9.4	5.0	26.5	19.3	100

1921년까지를 귀화 식물 이입 제1기로 보며, 1922년부터 1963년까지를 귀화 식물 이입 제2기, 1964년부터 현재까지를 귀화 식물 이입 제3기로 나눈다.

제1기에는 개항 이전에 중국이나 아시아 원산인 털여뀌, 쪽, 자리공, 갓, 큰땅의비름, 자운영, 전동싸리, 황금, 어저귀 등 이용 가치가 있는 종이 재배 식물로 이입되었으며 유럽종의 일부가 중국을 경유해서 미미하게 유입되었을 것으로 추정된다. 개항 이후에는 애기수영, 소리쟁이, 말냉이, 잔개자리, 붉은토끼풀, 토끼풀, 망초, 실망초 등이 북미와 일본을 경유해서 물밀듯이 옮겨 들어왔다.

제2기에는 제2차 세계대전 그리고 6·25 동란 등의 소용돌이 속에서 국가 간의 자유로운 교역이나 왕래가 적었으므로 귀화 식물의 이입이 주춤했으며 또한 학자들의 연구 활동도 둔화되어 밝히지 못한 것이 있었을 것이다. 1937년 이전에 왕달맞이꽃, 창질경이 등이 일본을 경유하여 이입되었으며, 1949년 이전에 물냉이나 데이지 등이 북미를 경유해서 남미의 큰망초와 함께 일본에 귀화되면서 이어 우리나라에 이입되었고, 6·25 동란을 통해 돼지풀이 직접 또는 일본을 통해 들어왔다.

제3기에는 우리나라의 경제 발전과 산업의 현대화 등에 편승해서 많은 식물이 이입되었다. 단풍잎돼지풀, 콩말냉이, 미국쑥부쟁이, 별꽃아재비 등이 국내 미군 기지촌 근처에서 처음 발견되어 주변으로 확산된 사실을 볼 때 일본을 경유해서 이입되기도 했으며 더불어 원산지에서 직송되는 경우도 있었음을 알 수 있다.

귀화 식물의 특성

귀화 식물은 거의 초본(풀)이다. 그 가운데서도 한해 또는 두해살이풀이 여러해살이풀보다 훨씬 많다. 1994년 필자의 조사에 의하면 신귀화 식물 181종 가운데 한해 또는 두해살이풀이 124종(68.5퍼센트)이고 여러해살이풀이 57종(31.5퍼센트)이었다. 이는 종자가 발아한 뒤 개화 결실이 되어 생활 고리의 1주기에 소요되는 기간이 길수록 사람에 의해 자주 파헤쳐지는 땅에서 살아 남기가 어렵기 때문이다.

귀화 식물은 잎이나 줄기가 자라는 영양 생장기가 짧고 개화 결실하는 생식 생장기가 길다. 영양 생장기가 짧다는 것은 어린 개체에서부터 꽃이 피기 시작하며 바로 생식 생장기에 들어가서 생장과 더불어 연속적인 개화 결실이 진행된다는 뜻이다. 미국외풀은 논이나 논둑에 있는 식물로 발아된 뒤 21일이 지나면 종자를 만들어 내는 능력이 있다. 생활 고리 1주기의 기간을 단축시켜 다음해를 대비하여 틀림없이 종자를 남길 수 있는 것이다. 또한 망초, 개망초 따위의 식물은 여름과 가을에 걸쳐 계속 꽃이 피고 열매를 맺는 것을 볼 수 있다.

귀화 식물은 환경 조건이 좋으면 엄청난 수의 종자를 만들어 낸다. 순천, 벌교, 경주 등지에 번지고 있는 양미역취는 좋은 조건 아래에서는 1포기에서 1백만 개의 종자를 만들어 낼 수 있으며 난지도 부근에 많은 큰비자루국화는 포기당 60여만 개의 종자를 만들어 살포하고 있다. 또한 직사광선이 비추고 건조하며 메마른 땅에서 발아한 망초를 보면 겨우 5센티미터 정도로 타 죽기 직전의 악조건에서도 1개의 꽃을 피우고 20여 개의 종자를 만들어서 종족 보존을 해내는 경우도 있다.

귀화 식물은 대개가 양지 식물이다. 대부분 직사광선이 내리비추는 땅에서 자라고 발아가 잘 되는 편이다. 그러므로 천이 과정에서 개척자의 위치에 놓이며 천이가 진행되어 다음 단계의 식물, 특히 나무류가 침입해 오면 자연 소멸되고 만다. 그러나 서양등골나물, 주홍서나물처럼 나무밑 그늘에서 자라는 음지 식물도 약간 있다.

귀화 식물은 종자 살포나 살포 뒤 정착하는 데 필요한 기구가 발달되어 있다. 서양민들레, 붉은서나물은 갓털이 발달해 바람에 의해 널리 살포된다. 미국가막사리, 울산도깨비바늘 등은 관모가 미늘이 달린 가시로 변하여 사람의 옷이나 동물의 몸에 묻어서 옮겨진다. 그 밖에 씨가 익으면 식물체에서 잘 떨어지는 성질이 있어서 땅에 묻히거나 곡물에 섞여 다른 곳으로 옮겨지는 능력이 있다.

두해살이 식물 가운데 겨울을 잘 넘기기 위하여 방석 모양의 로제트잎을 만드는 경우가 많다. 개망초, 큰망초, 겹달맞이꽃 등은 겨울에 로제트잎을 만들어 생장점이 얼어죽는 것을 피하고 봄에 줄기가 자라서 개화 결실을 하는 성질이 있다.

대부분의 귀화 식물은 자가 수정을 한다. 자가 수정 방법은 단 한 개의 개체가 자라도 자손을 남길 수 있는 유리한 특성이 될 수 있다. 또한 망초, 서양민들레는 꽃가루가 없더라도 단위 생식으로 자손을 남길 수 있는 유리한 번식 방법을 택하고 있다.

자세한 연구 결과는 없으나 종자가 발아될 때 특별한 환경 조건을 필요로 하지 않는 것도 있다. 양미역취는 종자의 휴면기가 없고 온도에 관계없이 언제나 발아할 수 있으며 종자의 수명이 길다. 그러나 이와 같은 특성이 다른 귀화 식물에도 해당되는지는 앞으로 더 연구되어야 할 것이다.

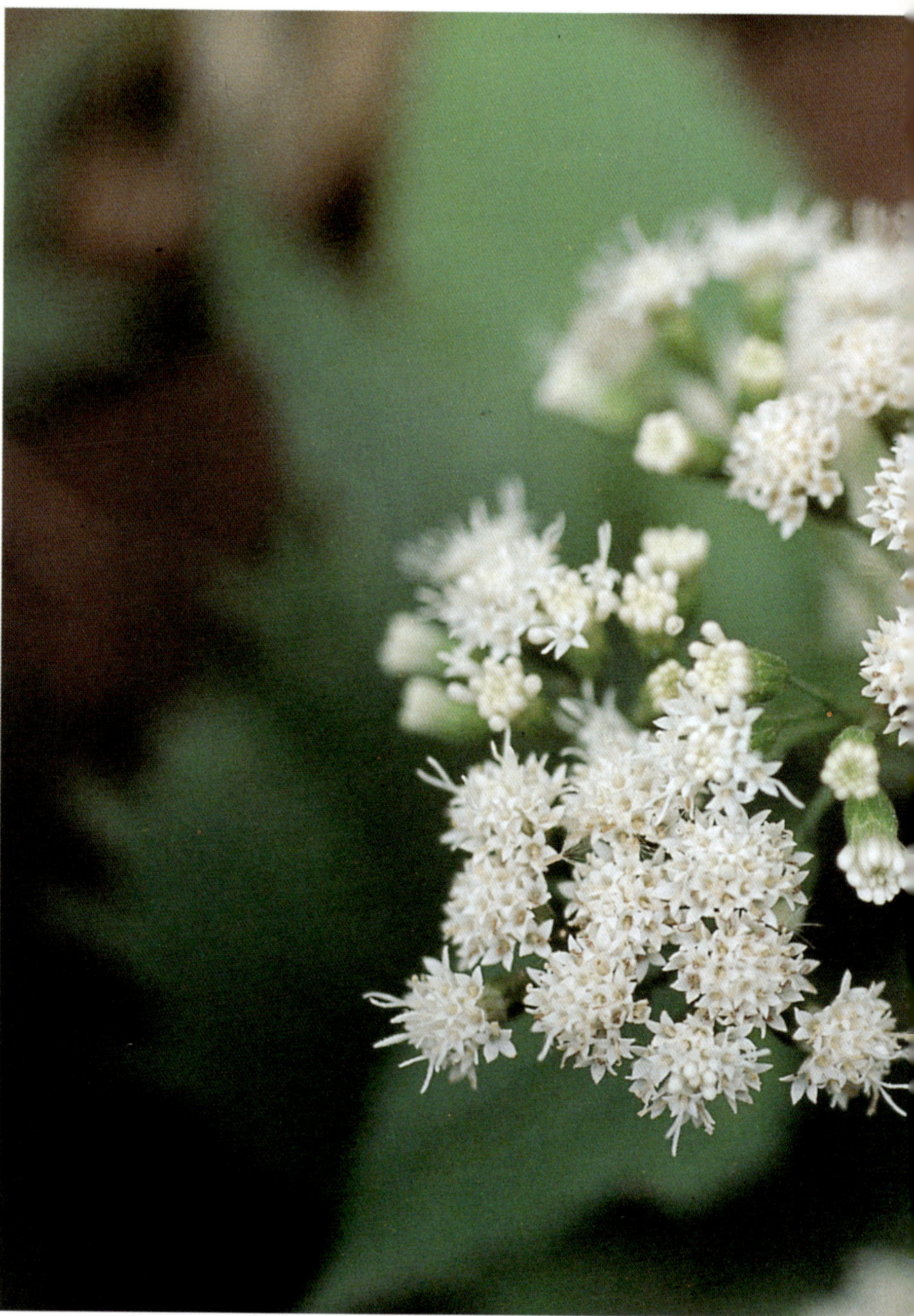

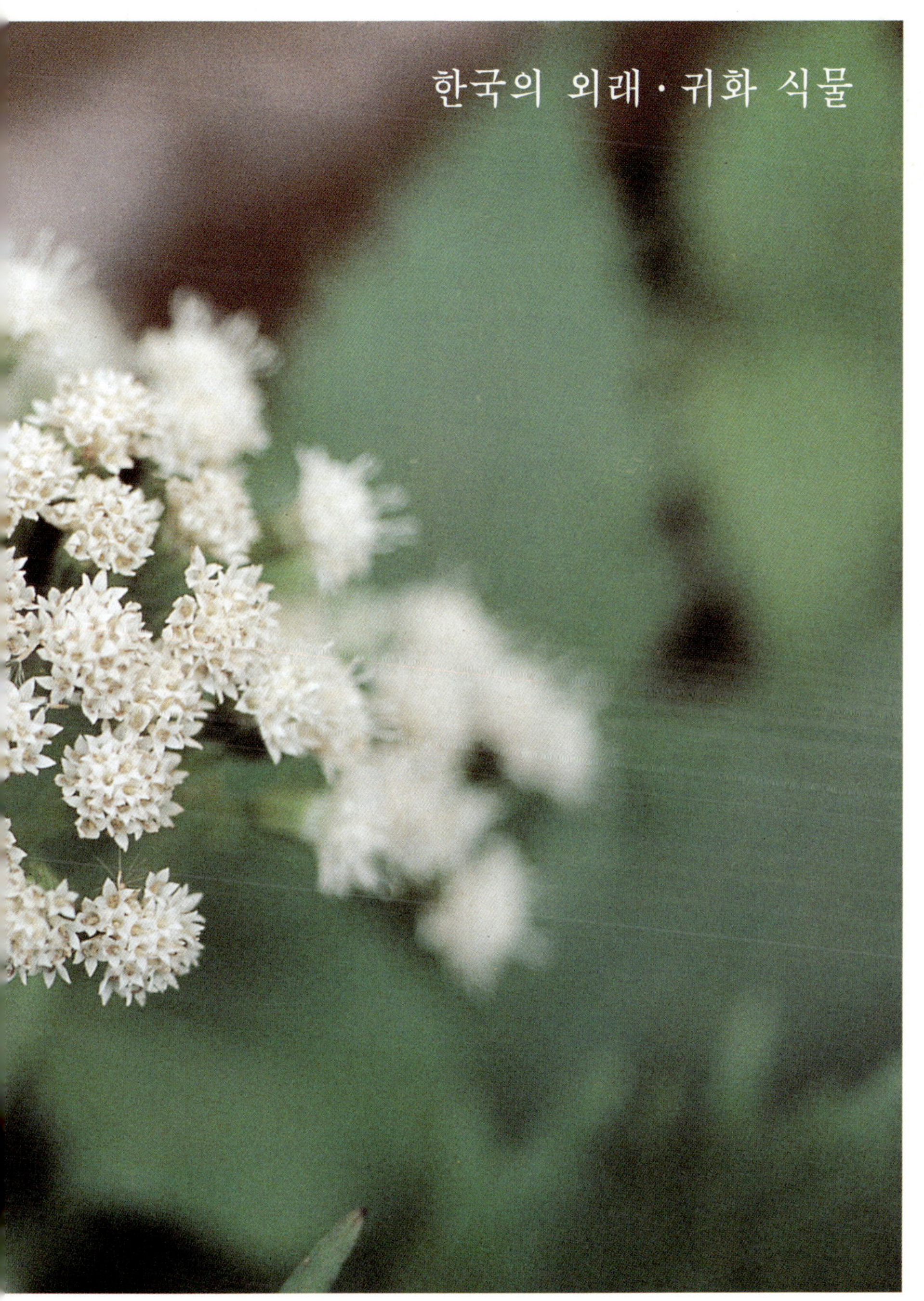

한국의 외래·귀화 식물

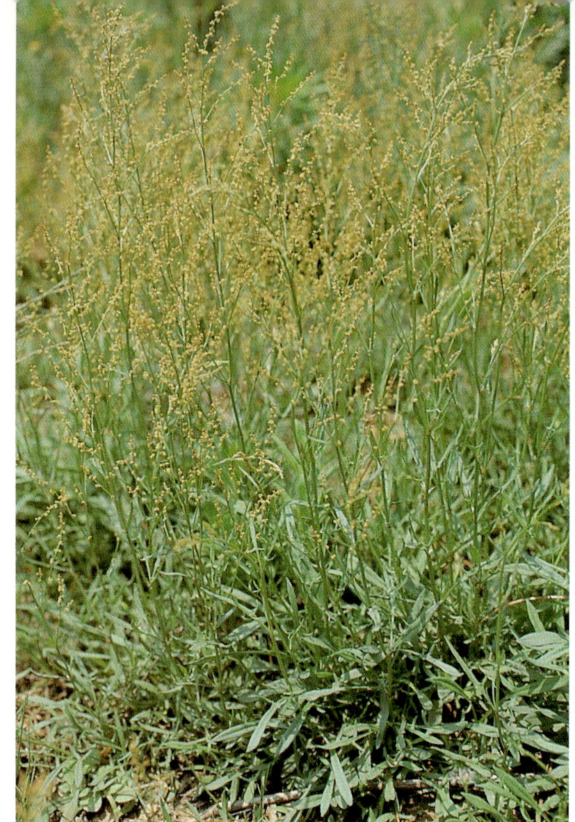

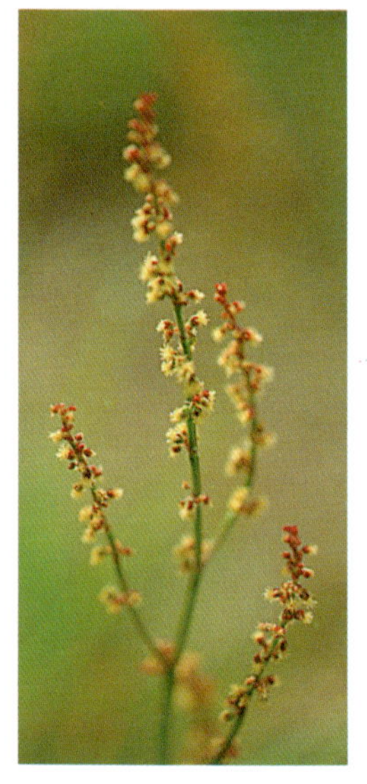

애기수영(마디풀과)

Rumex acetosella L.

　유럽 원산으로 우리나라의 개항과 더불어 들어온 식물이다. 지리적으로 세계의 난대, 온대 지역에 널리 분포하며 국내에는 주로 중부 이남에 특히 양지바른 빈 땅이나 밭, 정원 등지에 자란다. 수영과 비슷하지만 훨씬 작기 때문에 애기수영이라 한다. 어린 잎을 먹을 수 있으며 옴 같은 피부병의 약재나 통경제(通經劑)로 민간에서 이용한다.

　한해살이풀이며 암수딴그루이다. 줄기는 15 내지 50센티미터의 높이로 가지를 많이 친다. 뿌리에서 생긴 잎(根生葉)이 많이 모여 나며 긴 잎자루가 있다. 잎새는 창검 같은 모양(戟形)으로 길이는 3 내지 5센티미터이고 너비는 1 내지 2센티미터이다.

　꽃은 5, 6월에 피며 꽃차례의 축이 한 번 또는 여러 번 갈라져 최종의 각 분지가 원추형을 이루는 꽃차례(圓錐花序)이다. 씨에는 3개의 모서리가 있고 길이는 1.5센티미터이며 엷은 녹색이다. 씨 또는 땅속줄기로 번식한다.

묵밭소리쟁이(마디풀과)

Rumex conglomeratus MURR.

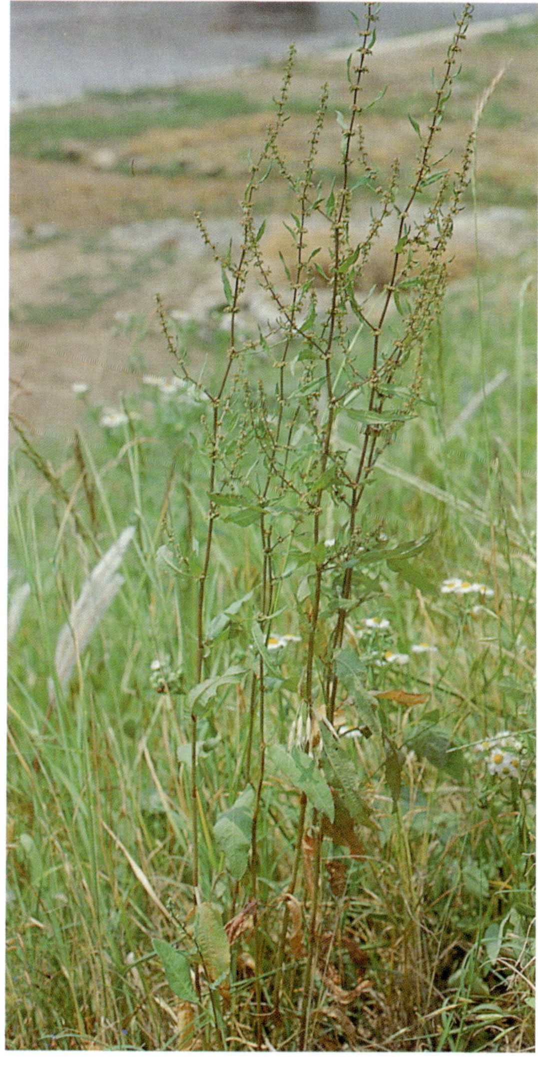

유럽이 원산으로 우리나라에는 1920년대에 들어온 식물이다. 북아메리카, 일본, 중앙아시아 등지에 분포하고 우리나라에서는 남부 지방과 울릉도에 드물게 분포하는데 양지바른 도랑 근처에서 자란다.

여러해살이풀로 줄기는 40 내지 120센티미터의 높이이고 다른 소리쟁이류에 비해 가늘다. 잎은 피침형(披針形)으로 길이가 10 내지 18센티미터, 너비가 3 내지 7센티미터이다.

꽃은 5, 6월에 피며 총상 꽃차례(總狀花序)를 이룬다. 약 30센티미터 길이로 밝은색의 작은꽃이 계단식으로 밑에서부터 돌려 난다. 열매를 이루는 속꽃덮개(內花被)는 혀 모양으로 가장자리에 톱니(鋸齒)가 없으며 각기 장타원형의 혹 모양 유체(瘤體)가 달린다.

소리쟁이(마디풀과)

Rumex crispus L.

유럽 원산이며 우리나라의 개항 이후 들어온 식물이다. 세계적으로 북아메리카, 북아프리카, 아시아에 분포하며 국내에는 거의 전국에 걸쳐 빈터, 길가, 논둑, 하천 주변에 자라고 있다. 어린 잎을 나물로 식용하며 뿌리는 위의 기능을 촉진시키는 건위제(健胃齊)와 설사약으로 민간에서 이용되었다.

여러해살이풀이며 줄기는 30 내지 80센티미터 높이이다. 잎은 피침형으로 잎 가장자리가 파도 모양으로 쭈글쭈글해진다.

꽃은 6월에서 7월에 피며 엷은 녹색이고 총상 꽃차례를 이룬다. 속꽃덮개가 발달한 열매의 날개에는 톱니가 없고 중앙 맥의 기부에 녹백색의 유체가 달린다. 줄기와 열매 이삭은 오래되면 붉은색으로 물들기도 한다.

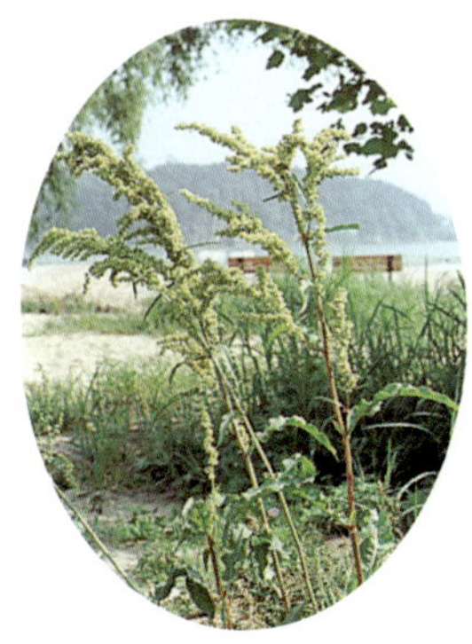

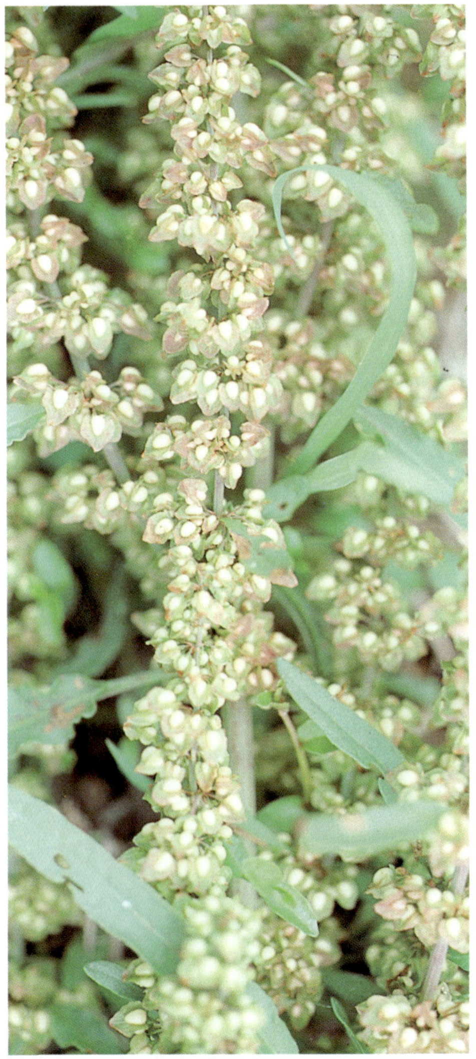

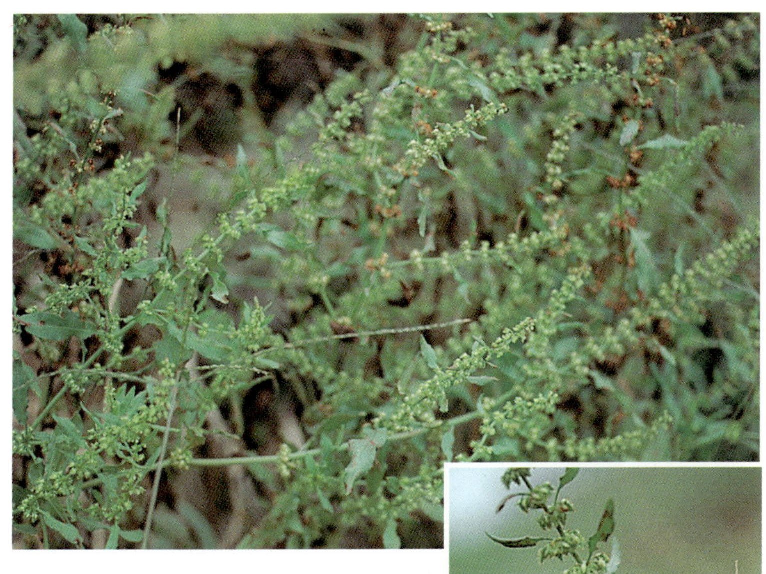

좀소리쟁이 (마디풀과)
Rumex nipponicus Fr. et Sav.

원산지는 일본이고 우리나라에는 개항 이후 들어왔다. 묵밭소리쟁이로 잘못 알려져 있었으나 1994년에 좀소리쟁이로 밝혀졌다. 제주도와 남부 지방의 논둑, 밭둑, 길가, 빈터에 주로 분포한다. 어린 잎은 식용한다.

여러해살이풀이며, 줄기는 많은 가지를 치는데 30 내지 50센티미터의 높이에 가늘어서 옆으로 잘 쓰러진다. 잎은 피침형으로 길이는 6 내지 11센티미터, 너비는 1 내지 2센티미터로 다른 소리쟁이류에 비하여 작다.

5월에서 6월에 꽃이 피며 엷은 초록색의 작은 꽃〔小花〕이 여러 개 계단식으로 돌려 나서 총상 꽃차례를 이룬다. 열매 날개에는 가장자리에 3 내지 4쌍으로 바늘 모양의 돌기가 있고 중앙 맥의 기부에 유체가 생긴다.

돌소리쟁이(마디풀과)

Rumex obtusifolius L.

1930년대에 들어온 식물로 유라시아가 원산이다. 북아메리카와 일본에 분포하고 국내에는 중부 이남과 제주도의 빈터, 밭둑, 길가 등지에 자란다. 민간에서 뿌리를 건위제와 설사약으로 이용한다.

여러해살이풀로 길고 큰 편이다. 줄기는 높이가 60 내지 120센티미터이고 곧게 자란다. 아래쪽 잎은 장타원형이고 잎새의 기부는 심장꼴이며 길이 20 내지 30센티미터, 너비 8 내지 15센티미터로 크고 잎맥을 따라 붉은색을 띠기도 한다.

꽃은 6월에서 8월에 피며 엷은 녹색의 작은꽃이 계단식으로 돌려 나서 총상 꽃차례를 만든다. 열매의 속꽃덮개 조각에는 가장자리에 1 내지 1.5밀리미터의 바늘 모양의 돌기가 있고, 유체는 한 개만 익는다.

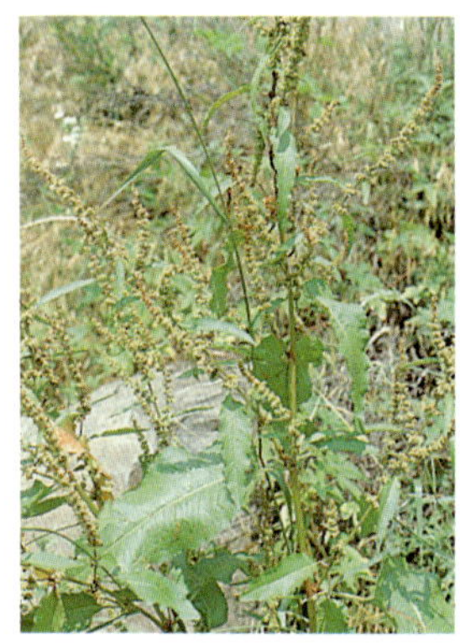

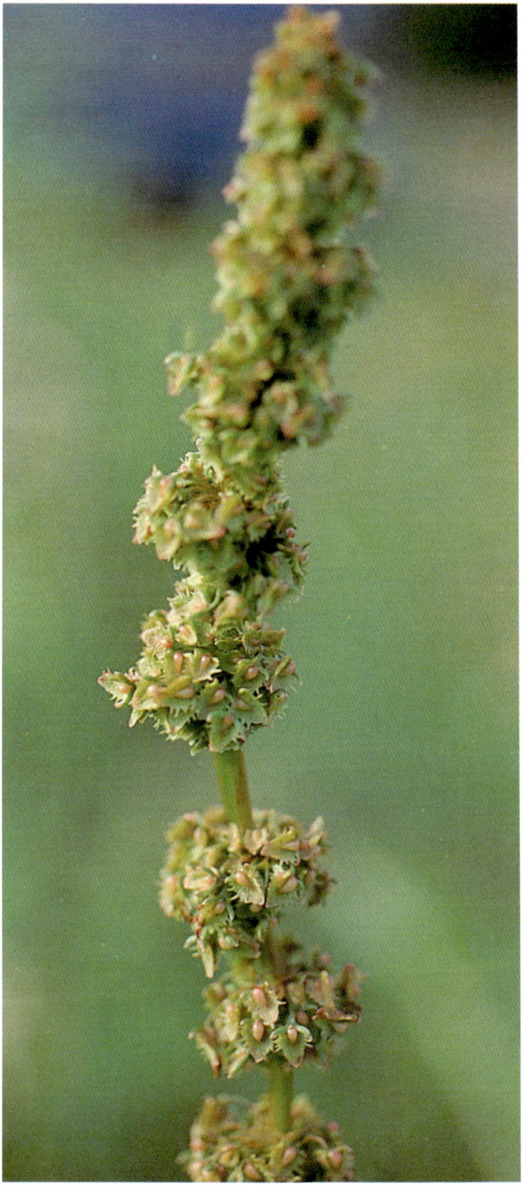

미국자리공(자리공과)

Phytolacca americana L.

북아메리카 원산이며 6·25 동란 이후에
들어온 식물이다. 유럽, 아시아 등지와 우리
나라에 귀화되었다. 특히 울산의 장생포를
비롯하여 공단 근처 오염 지역에 큰 군락을
이루면서 전국적으로 번지고 있다. 열매를
염료로 사용하여 가짜 포도주를 만들기도
했으나 많이 먹으면 설사를 일으킨다.

여러해살이풀로 줄기의 높이는 1 내지 3
미터이고 곧추서며, 초록색 바탕에 적자색
으로 물이 들고 가지를 많이 친다. 잎은 달걀
모양의 타원형으로 길이는 10 내지 20센티
미터이고 너비는 5 내지 12센티미터이며 어
긋난다(互生).

꽃은 6월에서 9월에 피며 총상 꽃차례를
이루고 10 내지 15센티미터의 길이로 아래
를 향해 늘어진다. 꽃은 백색 또는 엷은 분홍
새이다. 씨방은 10실(室)이며(자생종인 자리
공은 8실) 열매는 육질(肉質)로 석사색이다.

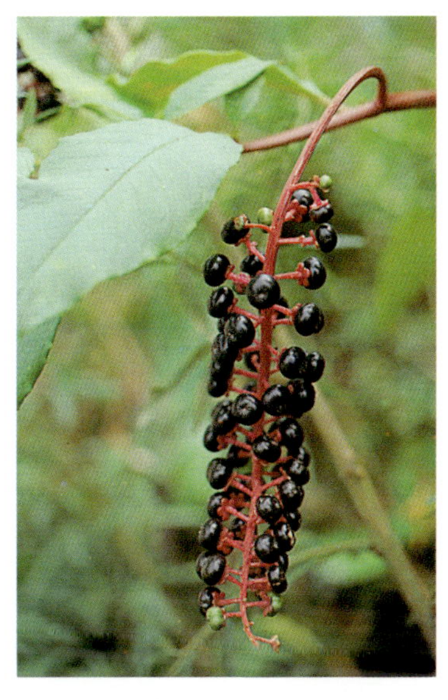

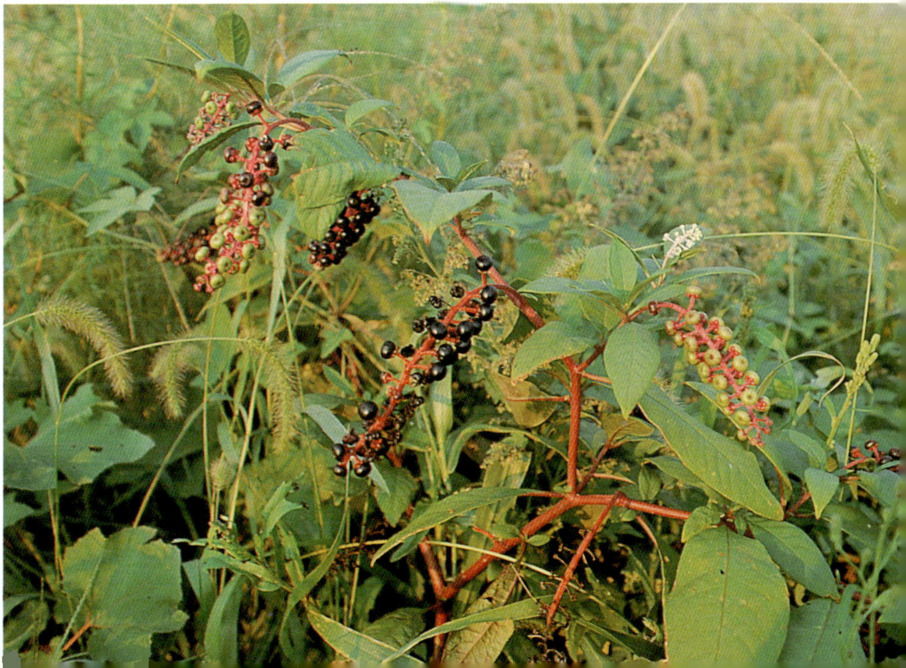

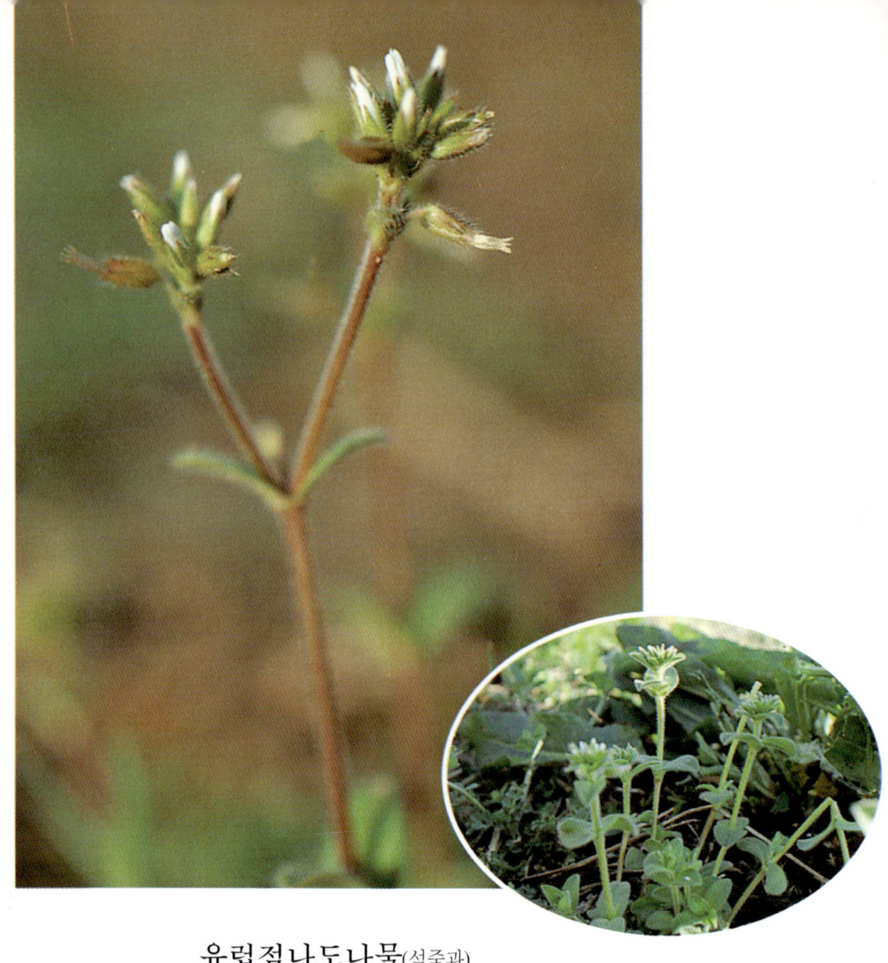

유럽점나도나물(석죽과)

Cerastium glomeratum THUILL

    원산지는 유럽이며 1990년대에 알려진 식물이지만 우리나라에는 그 이전에 들어왔다. 지리적으로 북아메리카, 열대아메리카, 일본, 인도 등지에 분포하며 국내에는 제주도와 남부 지방에 많이 퍼져 밭 잡초가 되었다. 어린 잎은 나물로 쓰인다.

    두해살이풀로 줄기는 10 내지 30센티미터의 높이이다. 샘털〔腺毛〕이 많이 나며 다소 끈적인다. 잎은 대개 엷은 녹색이다.

    꽃은 4월에서 6월에 피며 꽃이 가지 끝에 모여 나고 꽃자루가 꽃받침의 길이와 같거나 조금 짧다. 자생종인 점나도나물은 샘털이 드물게 나며 줄기에 흑자색이 돌고 꽃이 모여 나지 않는다. 특히 각 꽃대마다 꼭대기 한가운데부터 꽃이 피기 시작하는 취산 꽃차례〔聚繖花序〕를 이루어 유럽점나도나물과 구분이 된다.

들개미자리(석죽과)

Spergula arvensis L.

유럽이 원산지이며 우리나라에서는 1970년대에 알려진 식물이다. 지리적으로 서아시아, 북아프리카에 분포하며 국내에서는 중·남부 지방과 제주도의 들이나 정원에 주로 분포한다.

한해살이풀이며, 줄기는 여러 개가 모여 나며 가지를 치고 20 내지 40센티미터의 높이에 털이 있다. 잎은 가지의 마디에 여러 개가 돌려 나며〔輪生〕 실 모양이고 육질이다. 길이는 1.5 내지 4센티미터이다. 턱잎은 작고 얇은 종이같이 반투명한 상태인 막질(膜質)이다.

꽃은 6월에서 8월에 피며 백색이고, 꽃자루는 1 내지 4센티미터로 꽃이 진 다음 아래로 처진다. 꽃받침은 5개이고 길이는 3 내지 4밀리미터이며 알꼴에 잔털이 있다. 꽃잎은 백색으로 알꼴이며 끝이 뭉툭하고 꽃받침보다 길다. 열매는 넓은 알꼴이고 5갈래로 열리며 꽃받침보다 길고, 작은 씨가 많이 들어 있다. 씨는 둥글며 렌즈 모양으로 부풀고 지름이 1.2밀리미터로 검은색이다. 가장자리가 날개로 되고 양면에 유두 모양의 돌기가 있다. 자생종인 개미자리와 비슷하지만 전체적으로 크다.

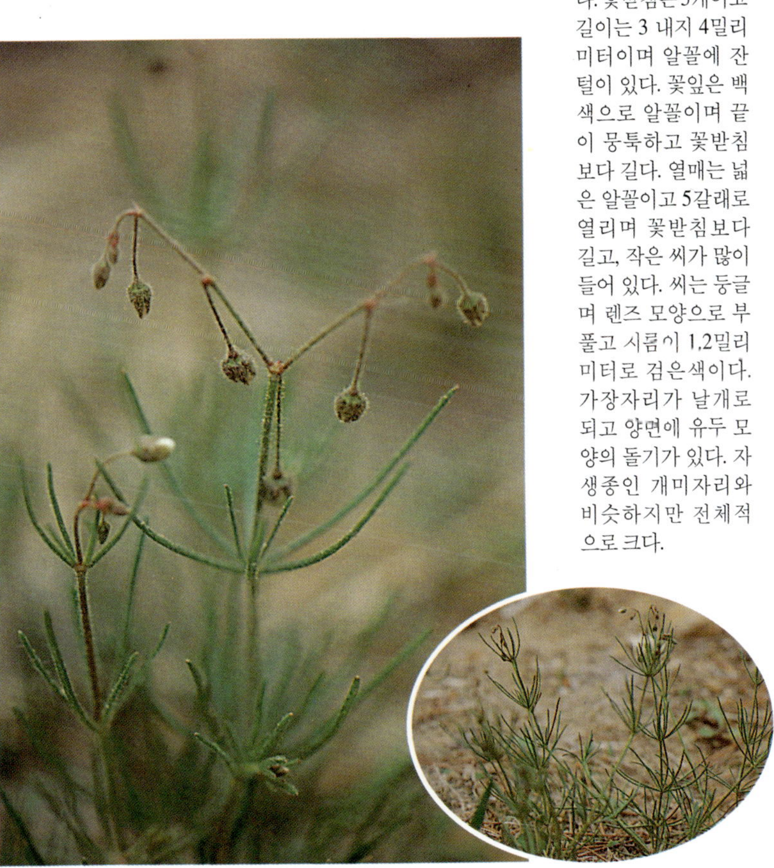

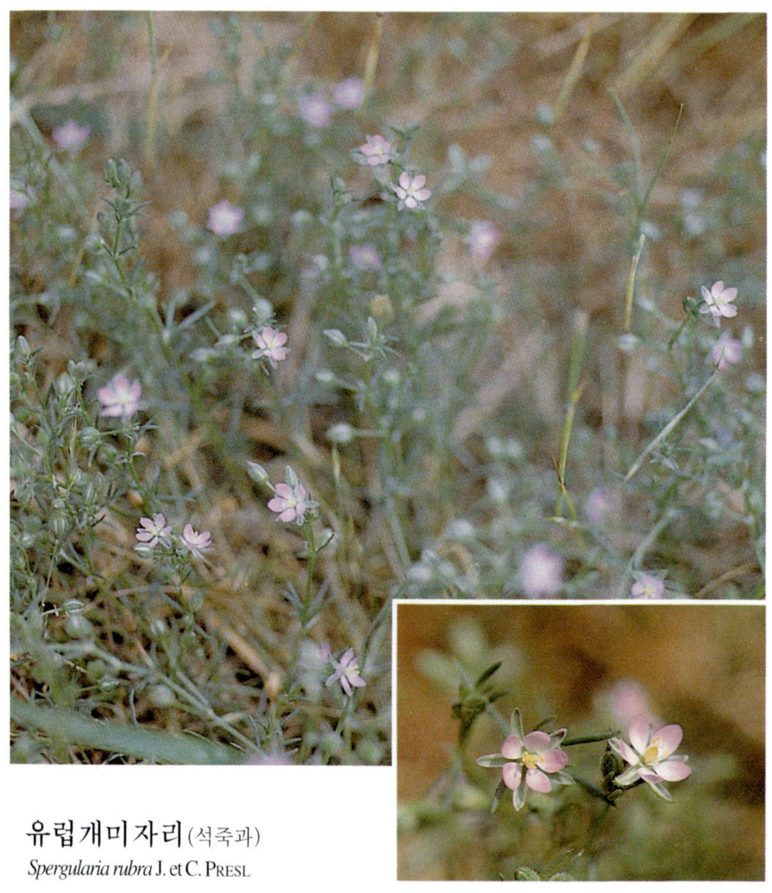

유럽개미자리 (석죽과)

Spergularia rubra J. et C. PRESL

유럽 원산이며 1997년대에 알려진 식물로 북아프리카, 아메리카, 호주, 아시아에 귀화되었다. 국내에서는 제주도와 남부 해안 지대의 습기가 있는 모래땅이나 논둑에서 자란다.

한해 또는 두해살이풀로, 줄기는 높이가 5 내지 30센티미터이고 윗부분에 샘털이 있다. 잎은 마주나기〔對生〕이며 선형(線形)이고 길이는 0.5 내지 2센티미터이다. 턱잎은 긴 삼각형이고 백색이다.

꽃은 4월에서 10월에 피고 분홍색이며 꽃받침은 긴 타원형으로 바깥쪽에 샘털이 있다. 꽃잎 역시 긴 타원형이며 길이는 2 내지 3밀리미터이다. 열매는 꽃받침과 길이가 같거나 약간 길다.

창명아주(명아주과)
Atriplex hastata L.

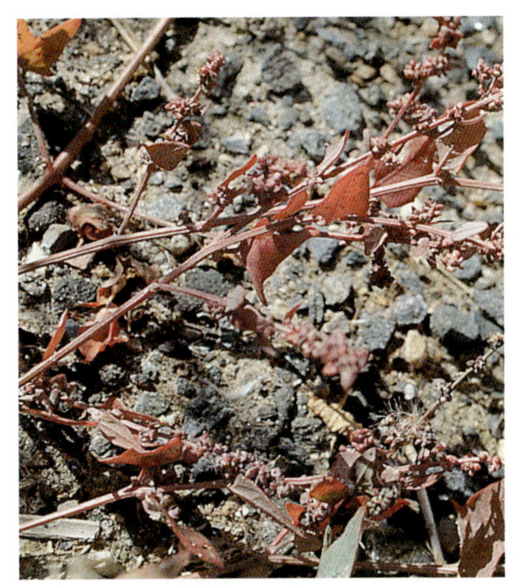

유럽 원산이며 1980년에 알려진 식물이다. 지리적으로 북아프리카, 북아메리카, 시베리아, 중앙아시아, 중국, 일본 등지에 분포하며 국내에는 충청남도와 전라남도 바닷가 근처 길가나 밭에 자라며 새로운 밭 잡초로 자리를 잡았다.

한해살이풀이며 줄기는 20 내지 80센티미터 높이로 많은 가지를 치며 일부는 땅 위에 눕기도 한다. 잎은 아래쪽은 마주나기, 위쪽은 어긋나기이며 잎새가 삼각형으로 창날 모양을 한다.

꽃은 7월에서 9월에 피며 암수한그루로 암·수꽃이 섞여 있고 한 개의 긴 꽃대에 꽃자루가 없는 꽃이 이삭처럼 촘촘히 붙어서 피는 수상꽃차례〔穗狀花序〕를 이룬다. 수꽃에는 봉오리를 싸서 보호하는 변태된 잎인 포엽(苞葉)이 없고 5개의 꽃덮개〔花被〕와 5개의 수술이 있다. 암꽃은 꽃덮개가 없고 2개의 포엽 속에 암술이 있다. 열매는 납작한 공 모양이며 1개의 씨가 있다.

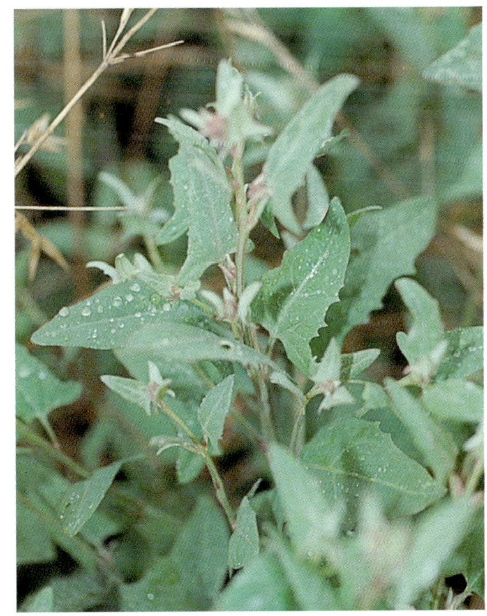

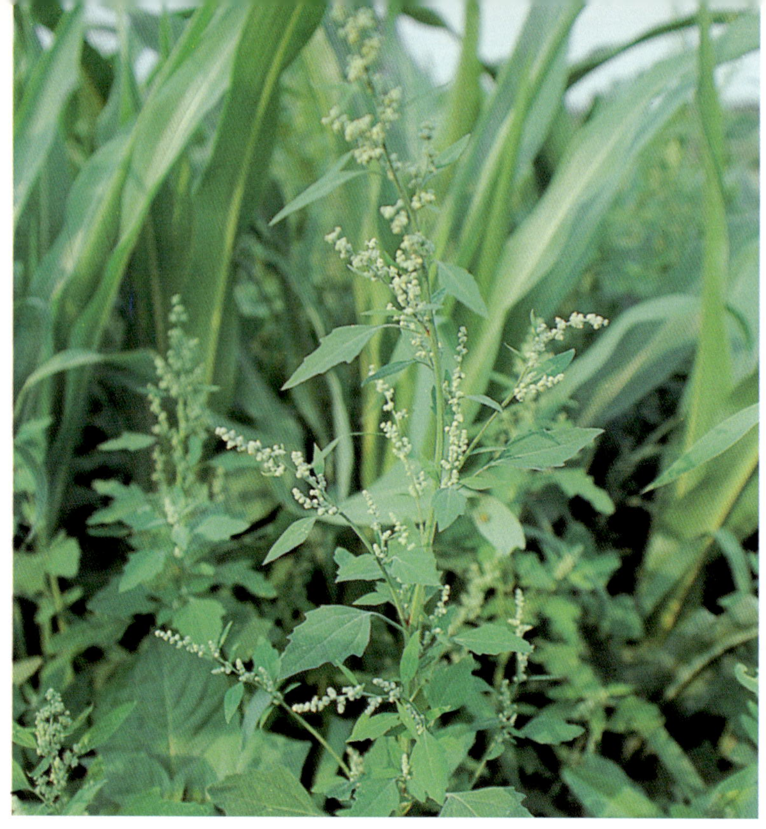

흰명아주(명아주과)

Chenopodium album L.

유라시아 원산이며 우리나라에는 개항 이후 들어온 식물이다. 지리적으로 온대에서 열대 지방에 걸쳐 널리 분포하며 국내에서는 전국의 빈터, 길가, 밭, 밭둑 등지에 자란다. 민간에서는 잎을 건위제와 강장제에 사용하고 또 벌레 물린 데 사용한다.

한해살이풀로 줄기는 60 내지 150센티미터의 높이이며 여러 개의 모서리가 눈에 띈다. 잎은 어긋나기이고 긴 잎자루가 있으며 잎새는 삼각형 알꼴을 이룬다. 뒷면은 어린 줄기와 함께 백색의 가루 모양 털이 덮여 있다.

꽃은 6월에서 7월에 피며 백록색이고 원추 꽃차례를 이룬다. 꽃받침은 5개로 길이는 1밀리미터이고 바깥쪽에 백색의 가루 모양의 털이 있으며 열매를 둘러싼다. 열매는 납작한 공 모양이며, 1 내지 1.3밀리미터 지름의 검은 씨 1개가 들어 있다.

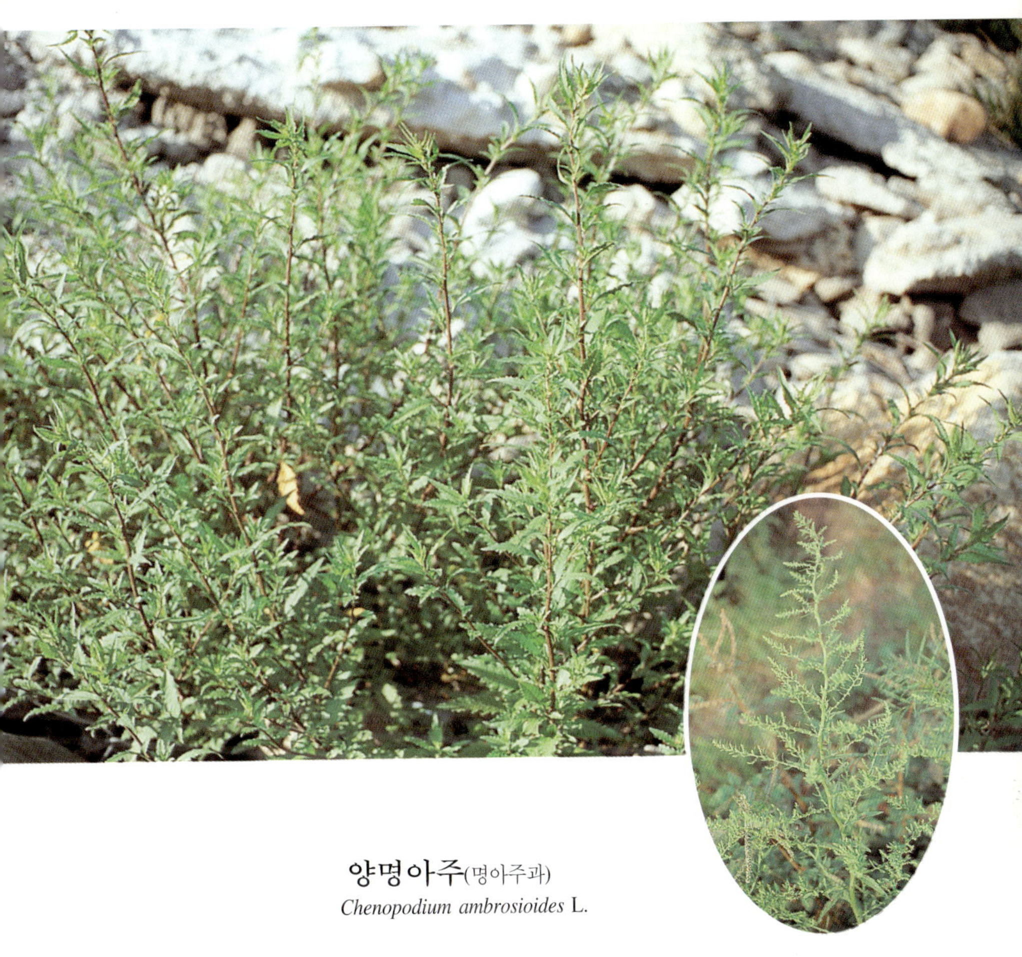

양명아주(명아주과)

Chenopodium ambrosioides L.

남아메리카 원산이며 6·25 동란 이후 들어온 식물이다. 지리적으로 북아메리카, 남부 유럽, 남부 아시아, 일본 등지에 귀화되었고 국내에는 제주도와 남부 지방 바닷가의 빈터, 길가, 둑 등지에 주로 자란다. 식물체 전체가 건위제, 강장제, 통경제로 쓰인다.

한해살이풀로 식물체에서 냄새가 난다. 줄기는 높이가 30 내지 80센티미터이고 가지를 많이 치며 위쪽에는 성긴 털이 난다. 잎은 긴 타원형으로 뒷면에 담황색의 많은 선점(腺点)이 있다. 줄기 중간에 있는 잎은 길이가 6 내지 8센티미터이고 너비는 2 내지 3센티미터이며 거친 톱니가 있다. 6월에서 9월에 꽃이 피며 원추 꽃차례에 작은꽃이 덩어리를 이루어서 핀다. 꽃덮개 조각은 5개로 알꼴이며 샘털이 있다. 씨는 둥근 알꼴이며 흑갈색으로 지름이 7밀리미터 정도 이다. 이 식물의 변종으로 꽃이삭이 길고 포엽이 작아 없는 것처럼 보이는 미국형계(var. *anthelminticum* A. GRAY)는 제주도에서 자란다.

좀명아주(명아주과)

Chenopodium ficifolium SMITH

　원산지는 유럽이고 우리나라 개항 이후에 들어왔다. 중국, 일본 등지에 귀화되었고 국내에서는 전국의 길가와 빈터에 자라는데 특히 밭 잡초로서 중요한 위치를 차지하고 있다.

　한해살이풀로, 줄기는 높이가 30 내지 100센티미터이며 가지를 친다. 잎은 어긋나기이고 잎자루는 3 내지 4센티미터이며 잎새는 삼각형의 긴 타원형으로 길이는 3 내지 6센티미터이고 너비는 1 내지 2센티미터이다. 가장자리에 물결 모양의 톱니가 있으며 가운데의 열편이 옆의 열편보다 2 내지 3배 정도 길다.

　꽃은 6월에서 7월에 피며 담녹색의 작은꽃이 많이 모여서 원추 꽃차례를 이룬다. 꽃받침은 5개로 1밀리미터의 길이에 엷은 녹색이다. 수술은 5개, 암술은 1개이고 암술대는 2개이다. 열매는 꽃받침으로 싸여 있고 1개의 검은색 씨가 들어 있다.

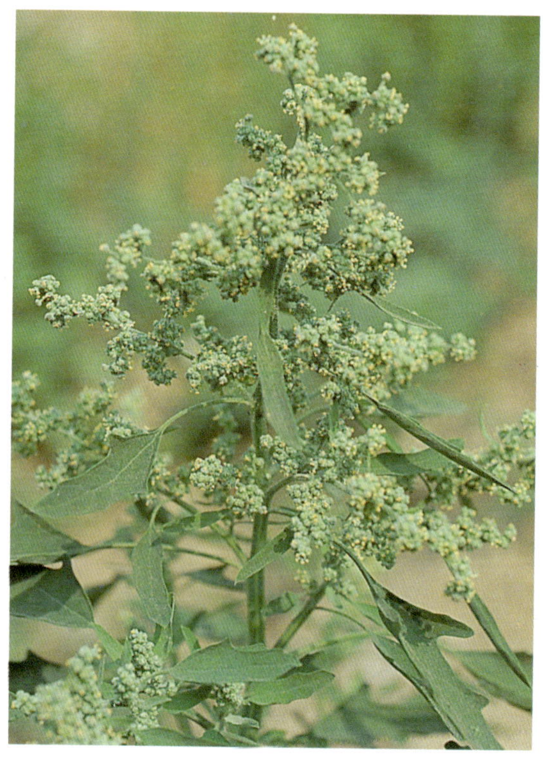

취명아주(명아주과)

Chenopodium glaucum L.

우리나라의 개항과 함께 들어온 식물로 유럽 원산이다. 지리적으로 남북 양 반구의 온대 지방에 널리 분포하며 국내에는 전국 각지 특히 민가 근처의 빈터, 밭, 길가에 자란다. 민간에서 종기나 벌레 물린 데 약으로 쓰인다.

한해살이풀로 줄기의 높이는 10 내지 40센티미터이고 많은 가지가 생기며 털이 없고 홍자색의 줄무늬가 있다. 잎에는 짧은 잎자루가 있고 잎새는 다육질(多肉質)로 두껍고 가장자리에 2 내지 3쌍의 큰 톱니가 있으며 뒷면에는 백색 가루 모양의 털이 있다.

7월에서 8월에 꽃이 피며 줄기나 가지 끝에 황록색의 작은꽃이 모여서 원추 꽃차례를 이룬다. 꽃덮개는 2 내지 5개로 긴 타원형이고 끝이 뭉툭하다. 수술은 5개이며 열매는 갈색이고 꽃덮개가 그 일부를 덮는다.

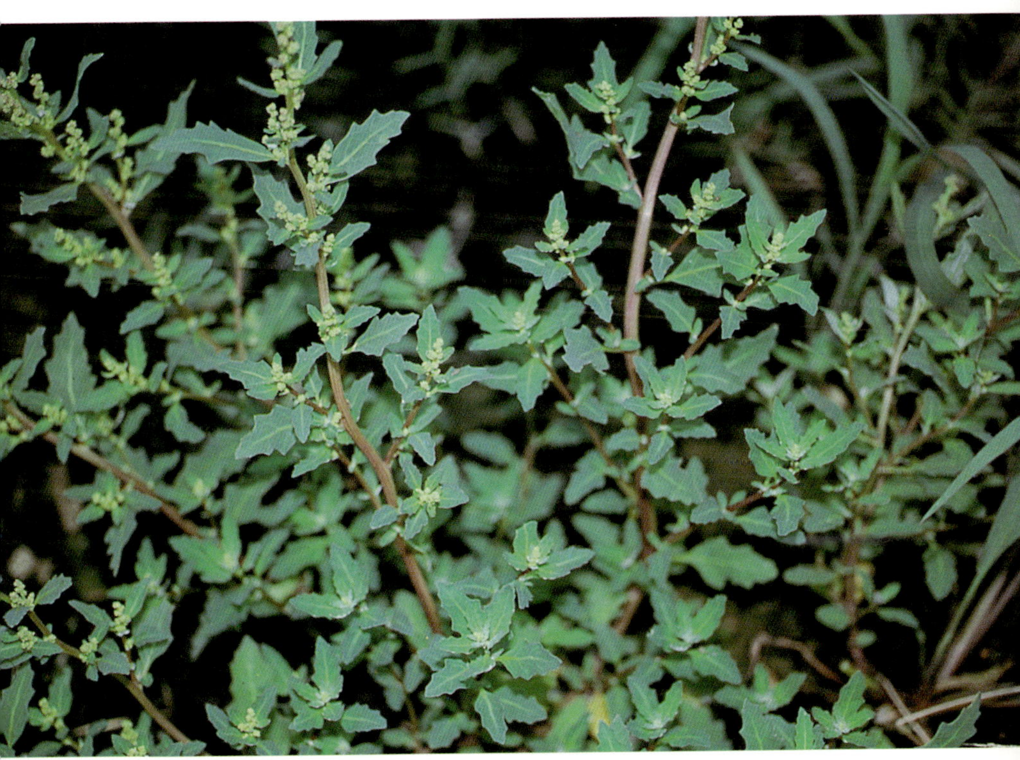

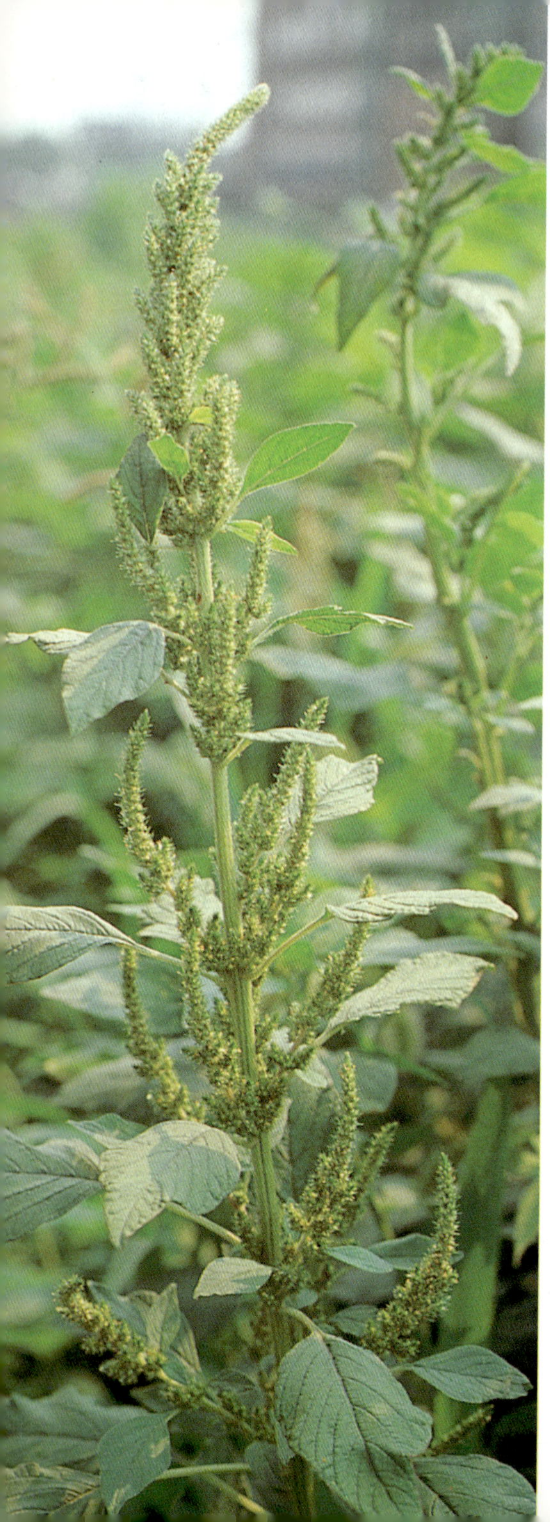

가는털비름_(비름과)

Amaranthus patulus BERTOLONI

남아메리카 원산으로 1900년대에 털비름과 함께 들어와 털비름으로 잘못 알려져 왔으나 최근에 가는털비름으로 확인되었다.

지리적으로 세계의 온대에서 열대 지방까지 널리 분포하며 국내에서도 전국 각지의 빈터, 길가, 밭 등지에 널리 자라고 있어 밭 잡초로 되었다.

한해살이풀이다. 줄기는 60 내지 200센티미터의 높이이고 곧게 자라며 잎은 마름모형 알꼴〔菱狀卵形〕이다. 길이는 5 내지 12센티미터, 너비는 3 내지 6센티미터이고 가장자리에는 톱니가 없고 주름이 진다. 잎자루는 길이가 3 내지 7센티미터이다.

꽃은 7월에서 10월에 피며 원추 꽃차례를 이룬다. 암수딴꽃〔雌雄異花〕이며, 암꽃의 꽃덮개 조각〔花被片〕은 5개로 끝이 뾰족하고 열매보다 짧다. 열매는 꽃덮개 조각보다 길며 익으면 가로로 갈라진다. 씨는 흑색으로 지름이 1밀리미터이고 광택이 있다.

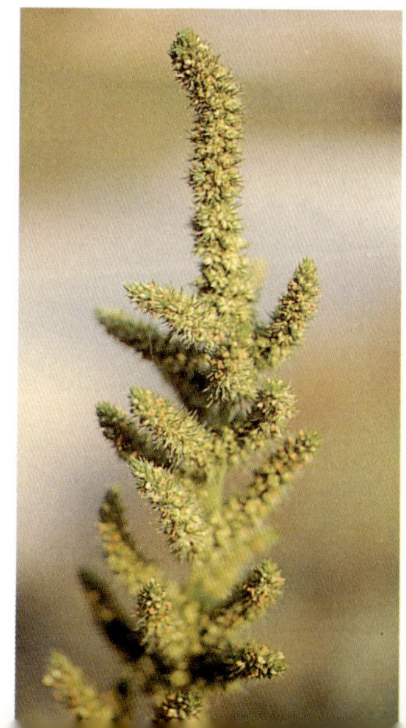

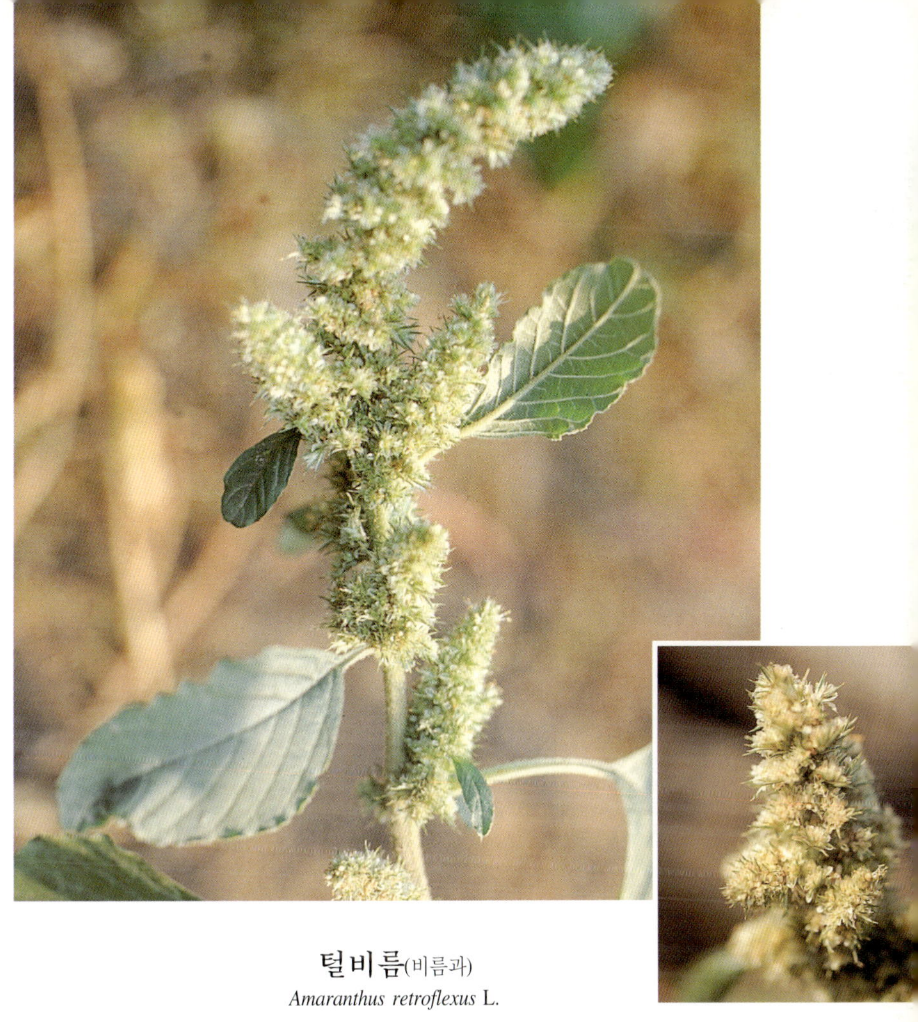

털비름(비름과)

Amaranthus retroflexus L.

열대아메리카 원산이며 1910년대에 들어온 식물이다. 북아메리카, 유럽, 시베리아, 중국, 일본 등지에 분포하며 국내에서는 중부 지방에 드물게 자라고 있다.

한해살이풀이다. 줄기는 높이가 40 내지 150센티미터이고 엷은 녹색이며 간혹 붉게 물들기도 하고 짧은 털이 있다. 잎은 어긋나기이며 잎새는 마름모형 알꼴로 길이는 4 내지 13센티미터, 너비는 2 내지 8센티미터이다. 중앙 맥이 잎끝에 1밀리미터 정도 돌출하여 가시 모양이다.

꽃은 7월에서 8월에 피며 원추 꽃차례를 이룬다. 꽃이삭〔花穗〕은 원주상(圓柱狀)으로 길이가 2 내지 7센티미터, 폭이 8 내지 15밀리미터로 큰 편이다. 암꽃의 꽃덮개 조각은 5개로 주걱형이며 끝이 둥글고 열매보다 길다. 열매는 꽃덮개 조각보다 짧으며 익으면 가로로 갈라진다. 씨는 흑갈색으로 지름이 1 내지 1.3밀리미터이고 광택이 있다.

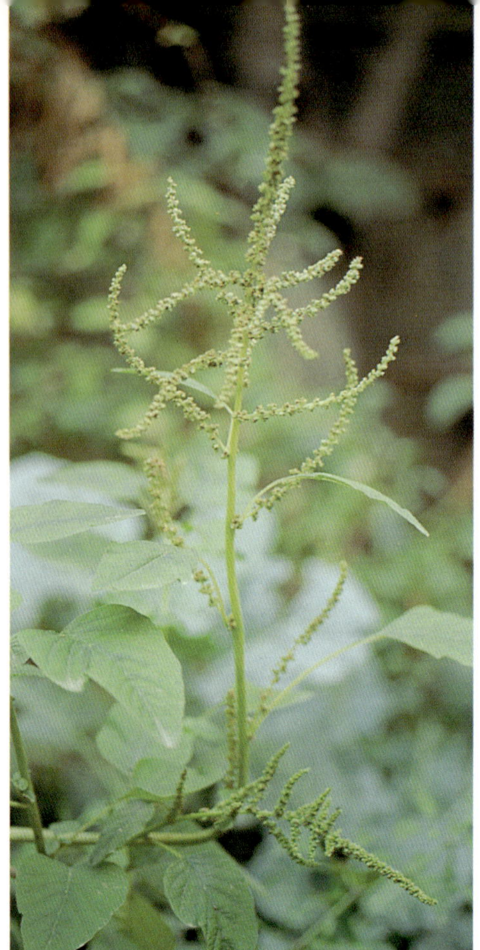

청비름(비름과)
Amaranthus viridis L.

열대아메리카 원산이며, 우리나라에는 해방을 전후하여 들어왔다. 지리적으로 양 반구의 난대에서 열대 지방에 분포하며 국내에는 전국 각지의 빈터나 밭에 분포하는데 특히 밭 잡초로서 중요한 위치를 차지하고 있다. 어린 잎을 식용한다.

한해살이풀이다. 줄기의 높이는 40 내지 90센티미터이고 곧게 자라며 털이 없다. 잎은 어긋나기이고 길이가 3 내지 9센티미터인 잎자루가 있다. 잎새는 알꼴로 앞쪽의 끝이 파인 형태인 요두(凹頭)이며 길이는 5 내지 12센티미터이고 너비는 2 내지 7센티미터이다.

7월에서 9월에 꽃이 피며, 이삭으로 된 꽃이 가늘고 가지를 쳐서 원추 꽃차례를 이루고 끝이 아래를 향하여 늘어진다. 열매는 꽃덮개보다 길거나 같으며 표면이 쭈글쭈글하고 가로로 갈라지지 않는다. 둥글고 납작한 씨는 지름이 1밀리미터 정도 되는데 검은색으로 윤이 난다.

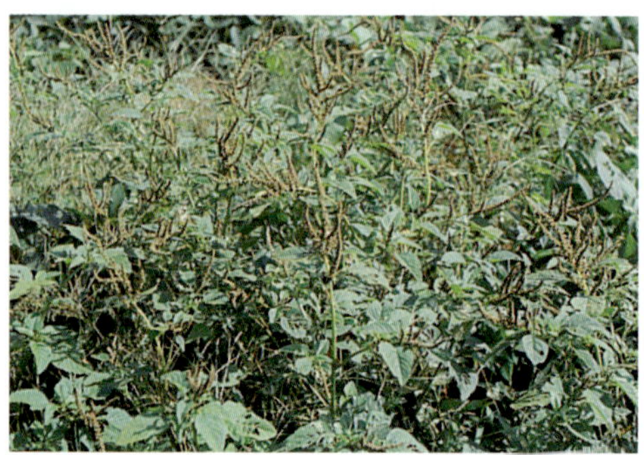

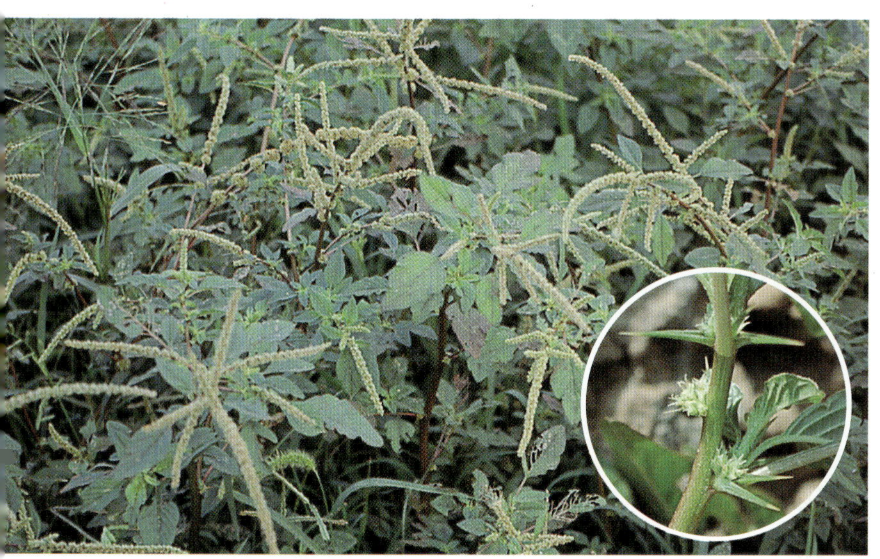

가시비름(비름과)
Amaranthus spinosus L.

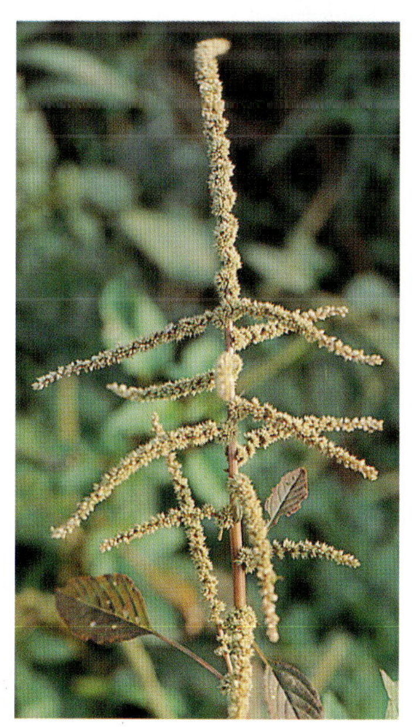

　열대아메리카 원산으로, 해방을 전후하여 우리나라에 들어온 식물이다. 국내에서는 제주도의 목장 지대나 마을 근처 빈터에 자라며 최근 목장 지대에서 강한 잡초로 새롭게 등장하였다.
　한해살이풀이다. 줄기는 40 내지 80센티미터의 높이로 많은 가지를 치며 털이 없고 광택이 난다. 잎자루 기부에 길이 5 내지 20밀리미터의 단단한 탁엽성(托葉性) 가시가 있어 다른 비름 종류와 구별하기 쉽다. 잎새는 알꼴 또는 마름모꼴로 길이는 5 내지 8센티미터이고 너비가 5 내지 5.5센티미터이다. 중앙 맥의 끝은 잎새 끝으로 가시 모양으로 돌출된다.
　6월에서 9월에 꽃이 피며 둥근 기둥꼴의 수상 꽃차례를 이룬다. 꽃차례에는 작은 가시가 많이 있고 길이가 3 내지 15센티미터로 끝이 늘어지기도 한다. 열매는 꽃덮개 조각과 같은 길이이며 열매 껍질에는 주름이 많다.

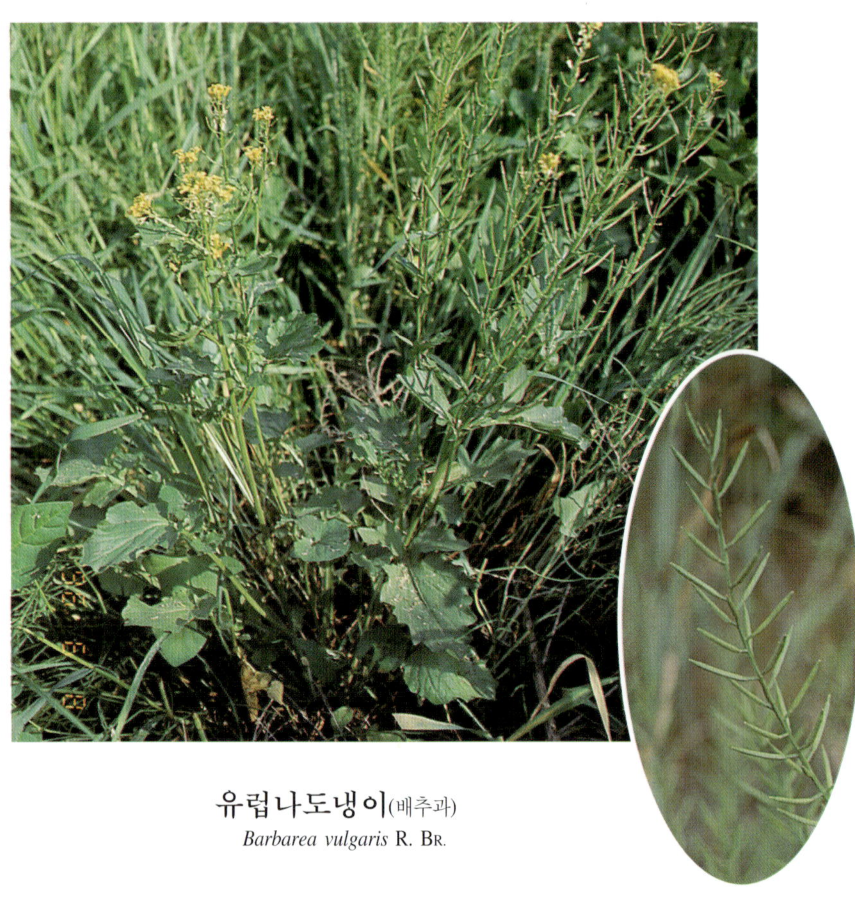

유럽나도냉이(배추과)

Barbarea vulgaris R. Br.

유럽 원산이며 1993년에 알려진 식물이다. 지리적으로 북아메리카, 아프리카, 일본, 중국, 호주 등지에 분포하며 국내에서는 대관령 휴게소 부근과 단양, 경기도 청평 등지에 자라고 있다.

여러해살이풀로, 줄기의 높이는 30 내지 80센티미터이고 곧게 자라며 위쪽에 많은 가지를 친다. 뿌리에서 생긴 잎은 깃꼴[羽狀]로 깊이 갈라져서 3 내지 4쌍의 작은잎[小葉]이 되는데 끝에 있는 작은잎은 둥글고 크다. 줄기에서 생긴 잎은 잎자루가 없고 기부가 귓바퀴 모양으로 줄기를 둘러싼다.

6월에서 7월 사이에 노란색의 십자화(十字花)가 많이 피어 총상 꽃차례를 이룬다. 자생종인 나도냉이와 비슷하나 열매가 옆으로 비스듬히 위를 향하며 길이가 2 내지 3센티미터로 희미하게 네모꼴인 씨 18 내지 20개가 생기고 남아 있는 암술대 길이가 2 내지 3밀리미터인 점이 다르다.

좀아마냉이 (배추과)

Camelina microcarpa ANDRZ.

유럽 원산이다. 1992년에 귀화가 알려진 식물이며 지리적으로 북아메리카, 일본 중국, 몽고, 시베리아 등지에 분포한다. 국내에는 중부 지방의 강가, 냇가, 바닷가, 수인 산업 도로변에 분포한다.

한해살이풀이며 줄기는 높이가 20 내지 80센티미터로 곧추선다. 아래쪽의 잎은 피침형으로 길이가 4 내지 5센티미터, 너비가 8 내지 12밀리미터이며 끝은 뾰족하고 잎몸과 잎자루가 붙은 부분이 날카롭게 갈라져 있는 전형(箭形)이다. 위쪽의 잎은 점차 크기가 작아지며 선상 피침형으로 밑부분이 줄기를 둘러싼다.

꽃은 5월에서 6월에 피며 연한 황색이고 총상 꽃차례를 이룬다. 꽃의 지름은 3 내지 4밀리미터이며 십자화이다. 열매는 달걀을 거꾸로 세운 듯한 도란형(倒卵形)으로 길이는 5 내지 6밀리미터이다. 껍질은 목질(木質)이고 끝이 둥글며 1 내지 1.5밀리미터의 길이에 암술대가 남아 있고 열매자루는 0.7 내지 1.5센티미터 길이이다.

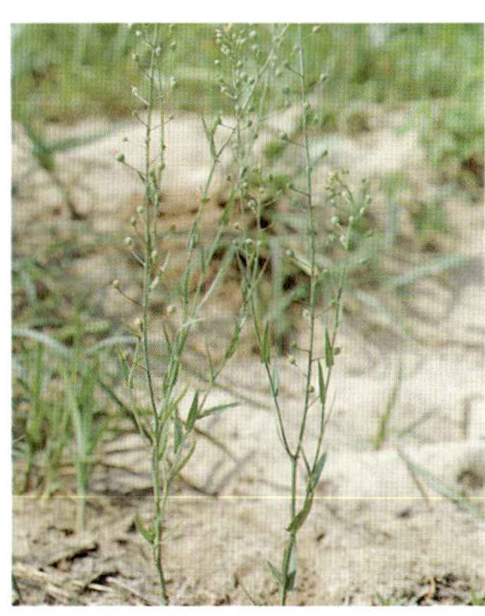

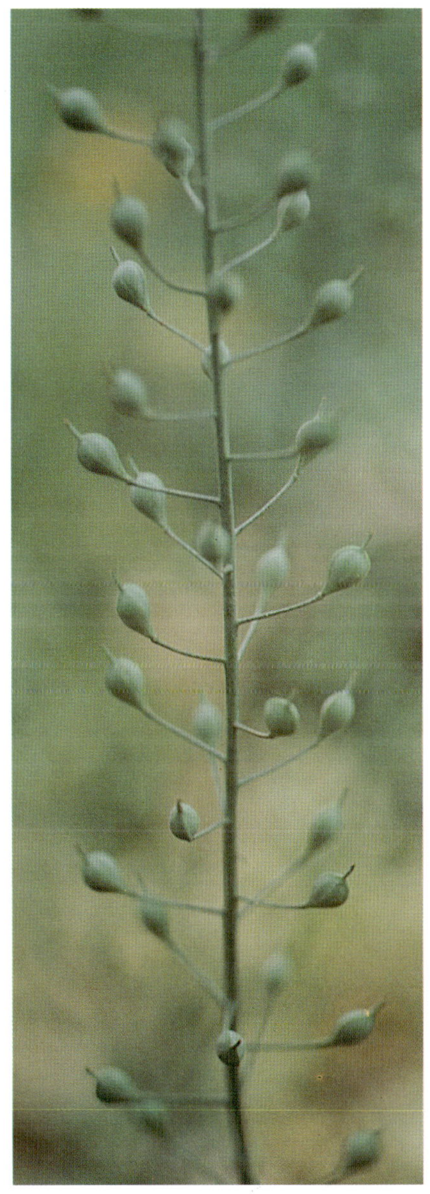

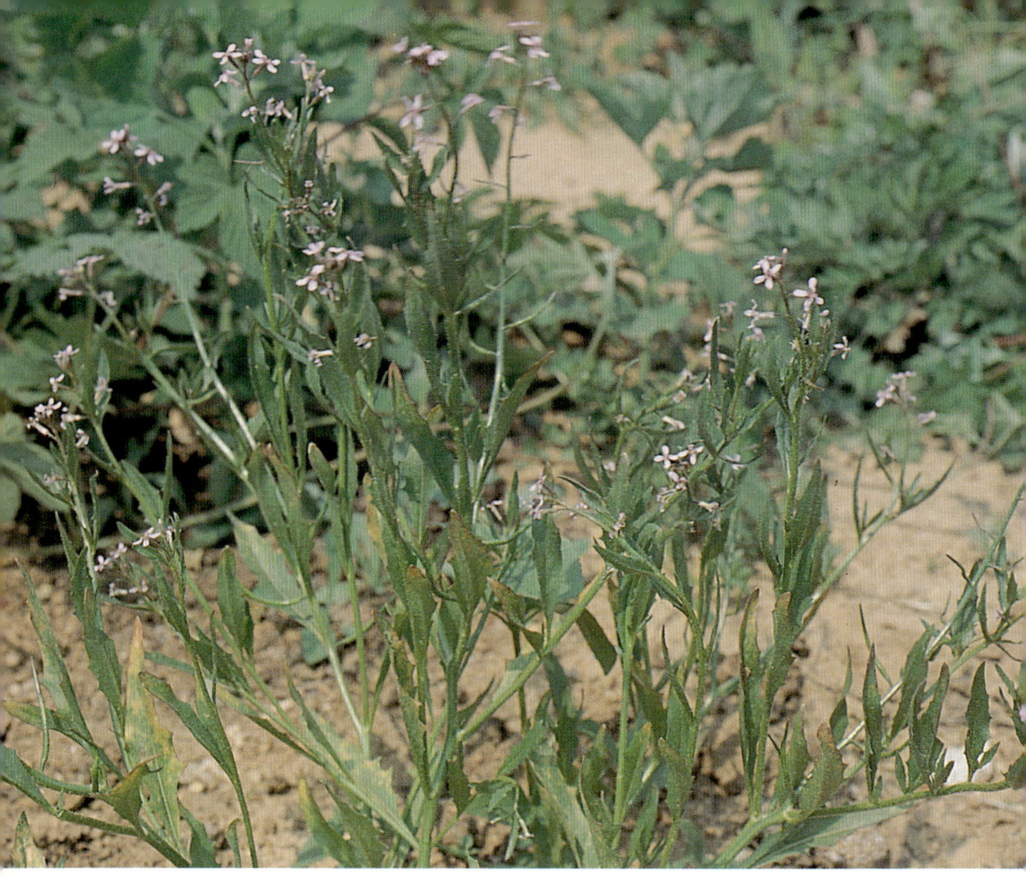

뿔냉이 (배추과)

Chorispora tenella Dc.

    지중해 동부와 중앙아시아 원산이며 우리나라에는 1992년에 귀화된 것으로 알려진 식물이다. 지리적으로 북아메리카, 이란, 중국, 일본 등지에 분포하고 국내에는 중부와 남부 지방에 분포하고 있으나 흔히 볼 수는 없다.

    한해살이풀이다. 줄기는 많은 가지를 치고 높이는 20 내지 50센티미터이며 작은 돌기에 샘털이 있다. 잎은 긴 타원형이며 길이가 10 내지 15센티미터, 너비가 10 내지 25밀리미터이다. 가장자리에 4 내지 6쌍의 파도 모양의 톱니가 있고 건조되면 담황색이 된다. 잎자루는 2센티미터 정도의 길이이다.

    꽃은 4월에서 5월에 피며 홍자색이다. 총상 꽃차례를 이루며 꽃이 성기게 달린다. 열매는 길이가 3 내지 5센티미터, 폭이 2 내지 3밀리미터로 끝이 소의 뿔처럼 휘어지고 8 내지 15개의 구간이 생기면서 각 구간마다 2개의 씨가 있다.

도렁이냉이(배추과)

Lepidium perfoliatum L.

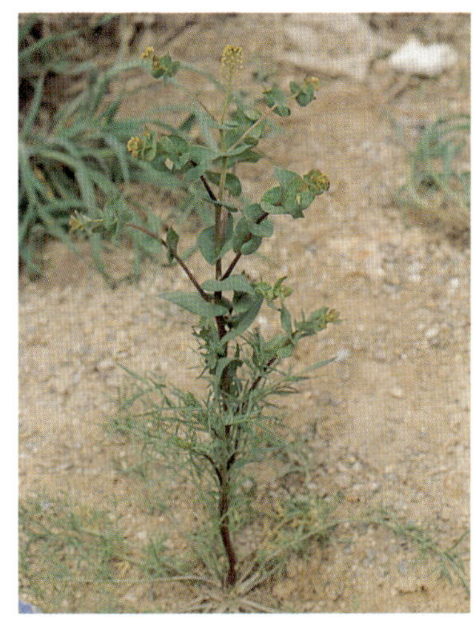

유럽과 서아시아 원산이며 6 · 25 동란 이후에 들어온 식물이다. 지리적으로 중국, 일본, 인도, 이란 등지에 분포하며 국내에서는 중부 지방의 서해안 바닷가에 자란다.

한해살이풀이며 식물 전체에 털이 없다. 줄기의 높이는 20 내지 40센티미터이고 가지를 친다. 뿌리에서 생긴 잎은 3회 깃꼴로 가늘게 갈라지며 많은 수가 모여나서 방석 모양을 이룬다. 줄기의 위쪽 잎은 염통꼴로 기부가 줄기를 둘러싼다.

5월에서 6월에 총상 꽃차례를 이루며 가지 끝에 꽃이 피는데 꽃은 작고 노란색의 십자화이다. 수술은 4개, 암술 1개이다. 열매는 납작하고 길이는 4밀리미터이고 끝이 요두이며 짧은 암술대가 남아 있다. 씨는 2개씩 들이 있고 적갈색이고 주위에 좁은 날개가 달리며 길이는 2밀리미터이다.

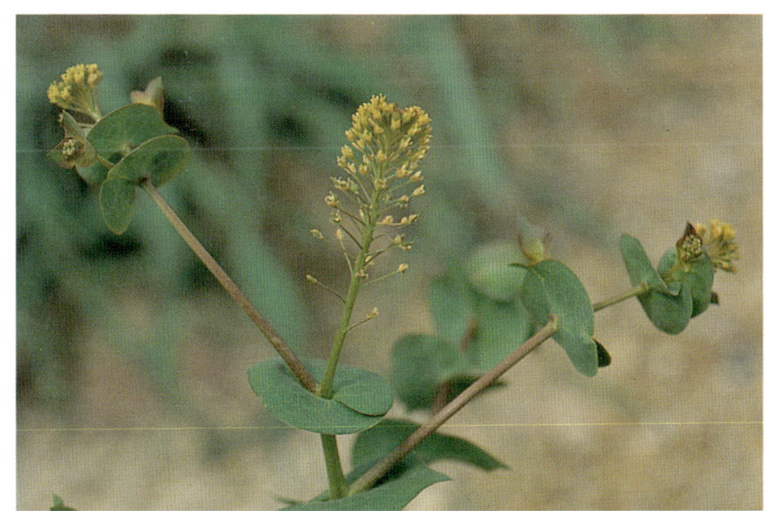

콩말냉이 (배추과)

Lepidium virginicum L.

북아메리카 원산이며 1970년대에 알려진 식물로 다닥냉이와 비슷하여 그 소속을 정하는 일이 늦어진 것으로 보이는데 실제는 그 이전에 귀화된 듯하다. 유럽과 아시아에 분포하며 국내에서는 전국 각지의 빈터, 길가, 밭에 자라고 있다.

두해살이풀이다. 줄기의 높이는 20 내지 40센티미터이고 가지를 친다. 뿌리에서 생긴 잎은 겨울에 로제트 모양을 이루며 깃꼴 겹잎이고, 길이는 3 내지 6센티미터이며 긴 잎자루가 있다. 줄기에서 생긴 잎〔莖生葉〕은 도피침형(倒披針形)으로 길이가 1.5 내지 5센티미터, 너비가 2 내지 10밀리미터이고 가장자리에 톱니가 있다.

5월에서 7월에 백색의 십자화가 총상 꽃차례를 이루며, 꽃받침은 4개이고 일찍 떨어진다. 길이는 0.8밀리미터이고 녹색이다. 꽃잎은 4개이고 주걱 모양이며 꽃받침보다 조금 길고 백색이다. 수술은 2개, 암술 1개이다. 열매는 거의 둥글며 길이는 2.5 내지 4밀리미터이다.

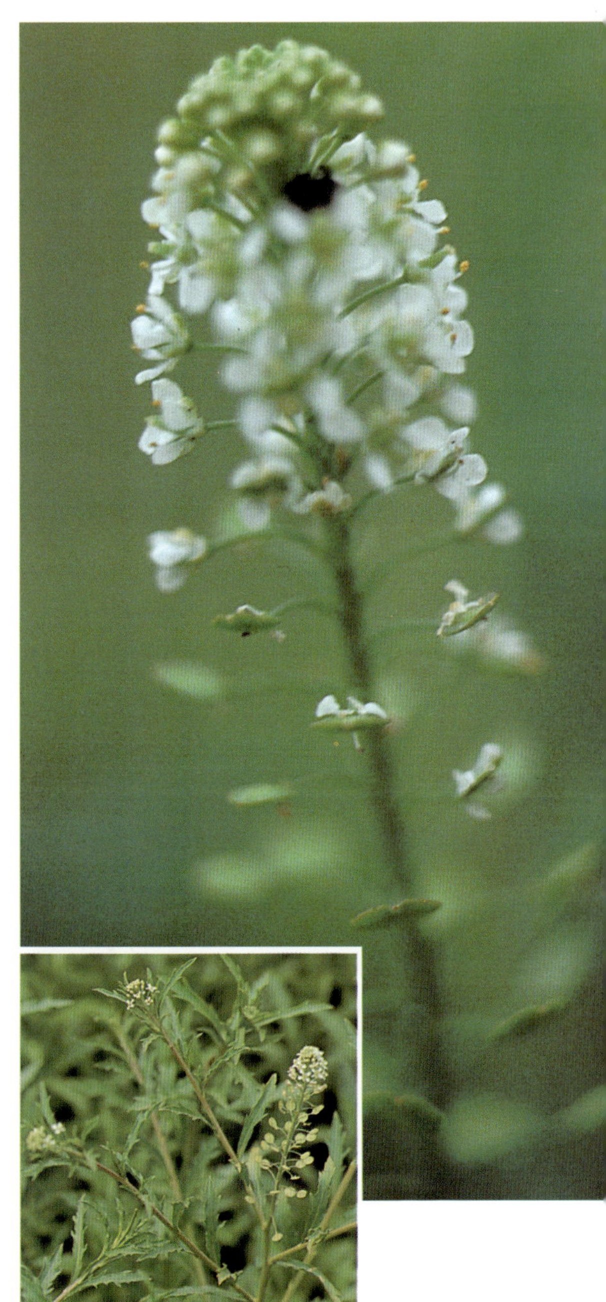

물냉이(배추과)
Nasturtium officinale
R. Br.

원산지는 유럽이고 해방 이전에 북미를 경유하여 일본을 거쳐 국내에 귀화된 것으로 알려졌다. 지리적으로 북아메리카, 아시아 등지에 분포하며 국내에서는 단양 주변의 물가에 많이 자라고 있다. 식물체를 생으로 식용할 수 있어서 이용 가치가 높다. 물에서 자라는 냉이라는 뜻에서 물냉이라고 한다.

여러해살이풀이다. 줄기는 높이가 40 내지 60센티미터이고 굵고 가운데가 비어 있으며 아래쪽이 옆으로 기면서 마디에서 뿌리를 낸다. 잎은 깃꼴 겹잎으로 1내지 4 쌍의 측소엽(側小葉)이 있다. 잎 가장자리 잎맥이 끝나는 자리에 반투명의 선점이 있다.

꽃은 5월에서 6월에 피며 백색의 작은 십자화가 총상 꽃차례를 이룬다. 꽃은 지름이 4 내지 5밀리미터이고 꽃잎은 4개이며 수술이 6개, 암술이 1개이다. 열매는 길이가 1 내지 1.5센티미터로 굽었으며 씨가 2줄로 배열되고, 길이가 1센티미터 정도인 열매 자루가 있다.

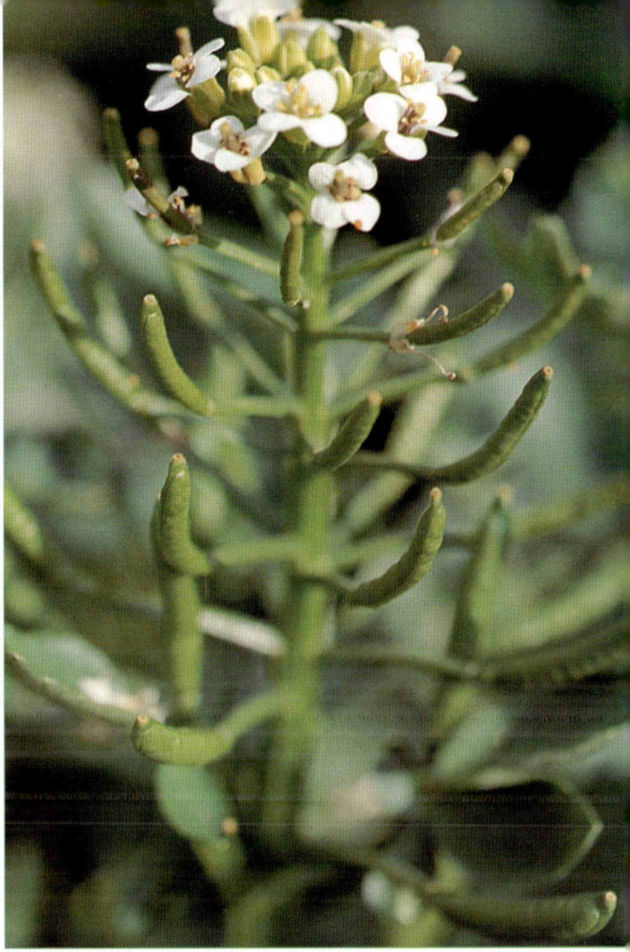

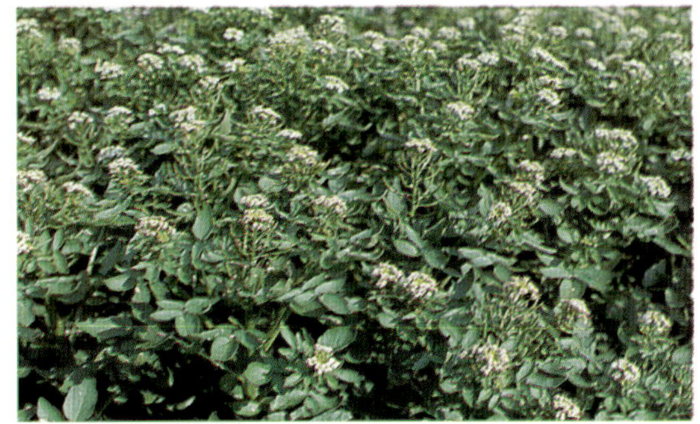

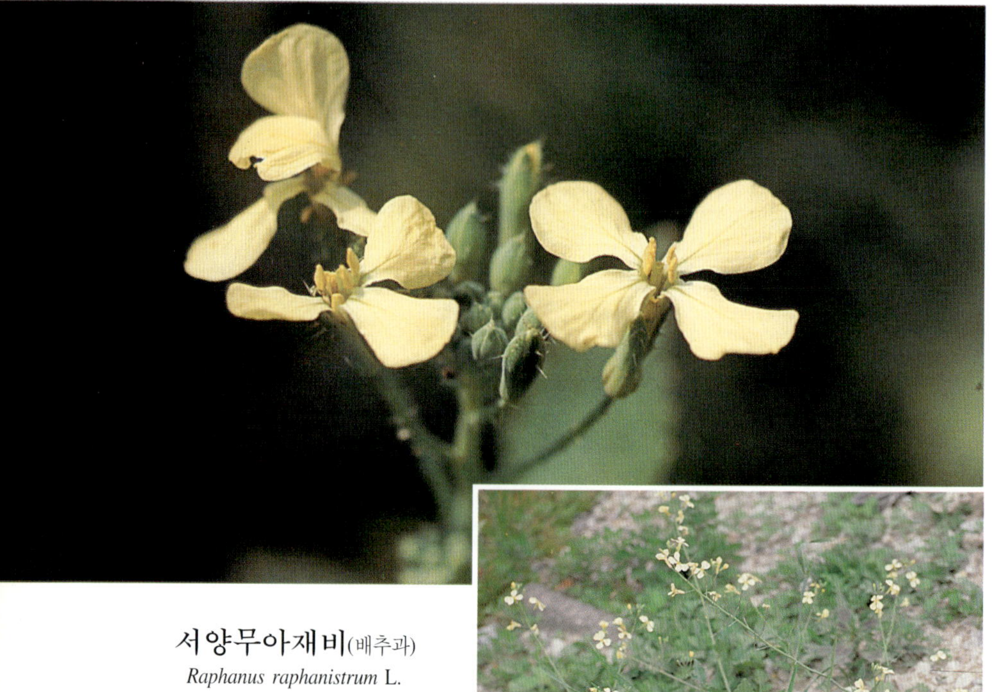

서양무아재비(배추과)

Raphanus raphanistrum L.

유럽과 북아시아 원산이며 1995 년에 귀화가 알려진 식물이다. 북아 메리카와 일본에 분포하고 국내에 는 서해안 바닷가와 수인 산업 도로 변에 자라고 있다.

한해살이풀로 식물 전체에 긴 털 이 난다. 줄기의 높이는 20 내지 70 센티미터이고 곧게 자라며 가지를 친다. 기부의 잎은 깃꼴로 분열〔羽狀分裂〕을 하며 길이는 10 내지 20센티미터이고 너비는 3 내지 6센티미터이다. 4 내지 6쌍의 작은 옆 열편과 크기가 큰 정상(頂上) 열편이 있다. 줄기에서 생긴 잎은 긴 타원형이다.

5월에서 6월에 담황색 또는 백색 꽃이 피며 지름은 1.5 내지 2센티미터이고 총상 꽃차례를 이룬다. 열매는 길이가 2.5 내지 4센티미터, 폭이 3.5 내지 4밀리미터이고 3 내지 8개의 씨가 있 는데 싱싱할 때는 원통형에 가까우나 건조되면 씨와 씨 사이가 크게 잘록해지고 세로로 골이 파인다. 끝에 10 내지 15밀리미터의 막대기 모양의 돌기〔棒狀突起〕가 있다.

들갓(가칭, 배추과)
Sinapis arvensis L.

유럽 원산이며 1996년 수인 산업 도로변에 분포하고 있음이 확인
되었다. 갓으로 잘못 분류되었으나 좀더 일찍 들어온 식물이다. 지
리적으로 북아메리카, 일본, 서아시아 등지에 분포한다.

한해살이풀이다. 줄기는 곧게 서며 높이는 30 내지 80센티미터이
고 거칠게 생긴 아래를 향한 털이 드문드문 있거나 또는 없다. 아래
쪽 잎은 잎자루가 있고 깃꼴로 갈라지는데 정상의 열편은 큰 편이
다. 줄기의 잎은 잎자루가 없으며 기부가 줄기를 둘러싸고 파도 모
양의 거친 톱니가 있다.

꽃은 5월에서 6월에 피며 노랑색이다. 지름은 1센티미터 내외이
고 총상 꽃차례를 이룬다. 열매는 길이가 2 내지 4센티미터이고 지
름이 2밀리미터이며 부리 모양으로 남아 있는 암술대는 열매 길이
의 2분의 1에서 3분의 1이고 열매 껍질에는 3개의 맥이 뚜렷하고 털
이 없다. 열매와 줄기에 털이 많은 것을 가칭으로 털들갓(var.
orientalis Koch et Ziz.)이라 하며 들갓과 함께 수인 산업 도로변에
많이 자란다. 이들 모두 갓보다 개화기가 다소 늦다.

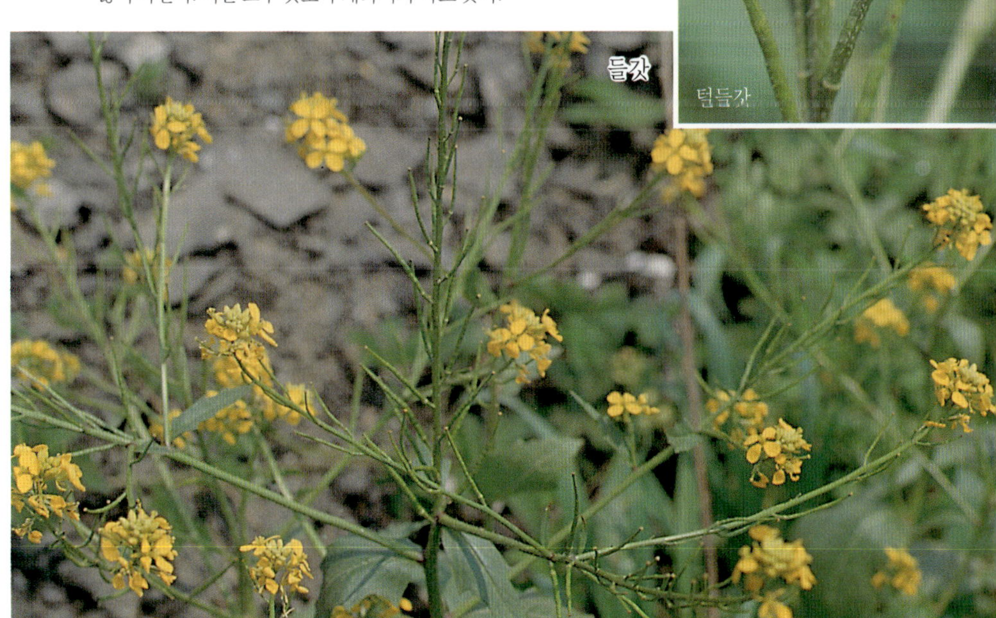

긴갓냉이(배추과)
Sisymbrium orientale L.

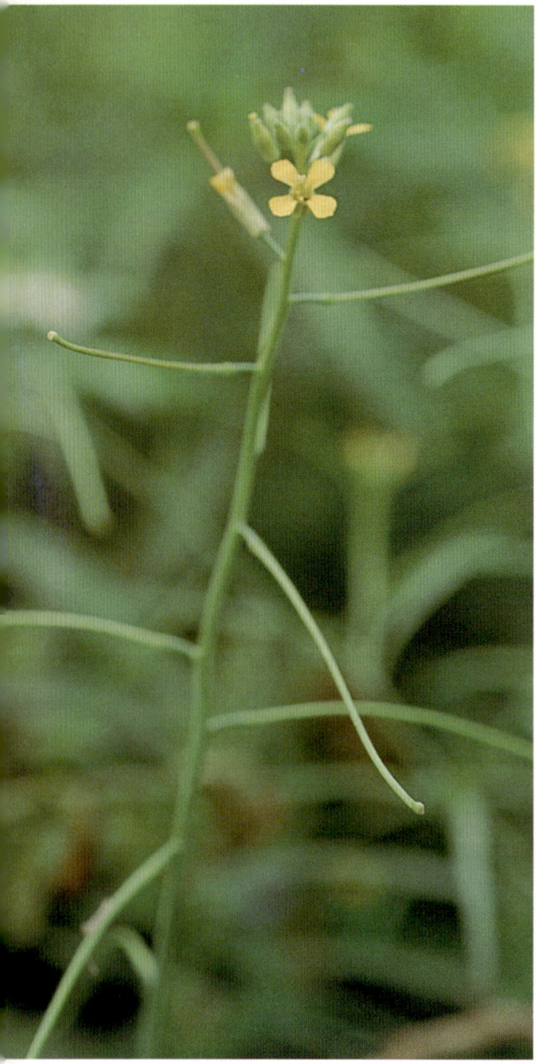

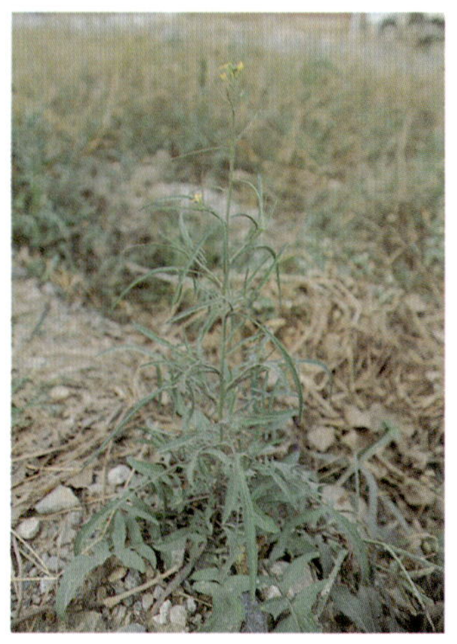

유럽의 지중해가 원산지이며 우리나라에는 1992년에 알려진 식물이다. 지리적으로 이란, 일본 등지에 분포하며 국내에는 중부와 남부 도시 근처의 빈터와 밭에 자라고 있다.

한해살이풀이다. 줄기의 높이는 30 내지 100센티미터이고 가지를 많이 치며 흰 털이 흩어져 있다. 뿌리에서 생긴 잎은 긴 타원형으로 15센티미터 길이이고, 깃꼴로 깊이 갈라지며 줄기의 잎은 피침형이다.

4월에서 6월에 꽃이 피며 황색이고 십자화가 모여 총상 꽃차례를 이룬다. 꽃받침은 4개이고 선상 피침형이다. 꽃잎은 4개이고 길이가 8 내지 10밀리미터, 너비가 2 내지 3밀리미터이다. 열매는 선형으로 길이가 6 내지 10센티미터, 지름이 1 내지 1.2밀리미터이며 옆으로 늘어지고 익으면 검은색으로 된다. 씨는 길이 1밀리미터, 지름 0.6밀리미터이다.

말냉이 (배추과)

Thlaspi arvense L.

유럽 원산이며 우리나라의 개항과 더불어 들어왔다. 지리적으로 북아메리카와 아시아 등지에 분포하고 국내에는 전국의 길가, 빈터, 밭에 널리 자라고 있다.

두해살이풀이며 털이 없다. 줄기는 20 내지 50센티미터의 높이로 가지를 친다. 잎은 어긋나기이며 뿌리에서 생긴 잎은 잎자루가 있고 긴 타원형으로 가장자리에 톱니가 있다. 줄기의 잎은 잎자루가 없고 긴 타원형이며 실이는 3 내지 6센티미터이고 너비는 1 내지 2.5센티미터이다. 끝이 뭉툭하고 기부는 전저(箭底)로 줄기를 둘러싼다.

5에서 8월에 꽃이 피며 백색의 십자화가 총상 꽃차례를 이룬다. 꽃은 지름이 4 내지 5밀리미터이다. 열매는 원형인데 끝은 V자형이고 주위에 폭이 3밀리미터 정도 되는 날개가 있다. 씨는 갈색이고 길이는 1.2밀리미터이며 주름살이 있다.

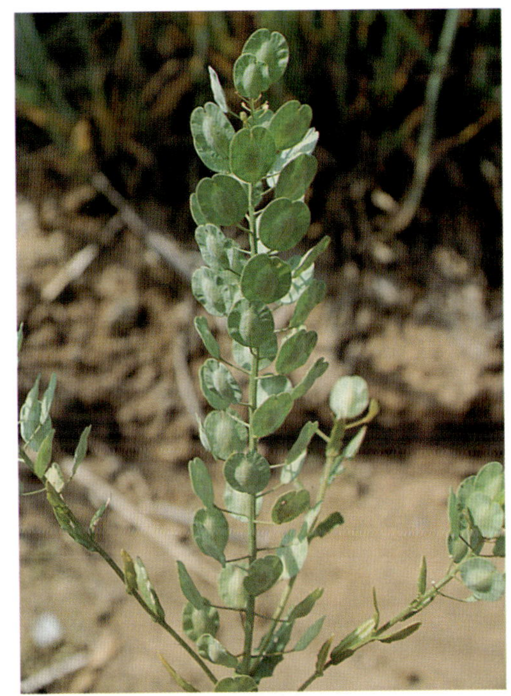

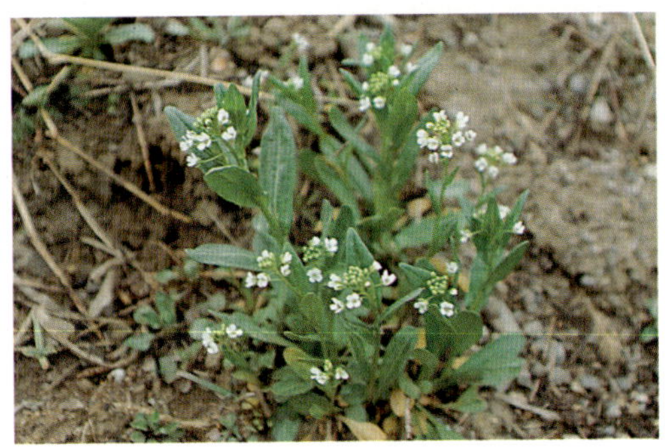

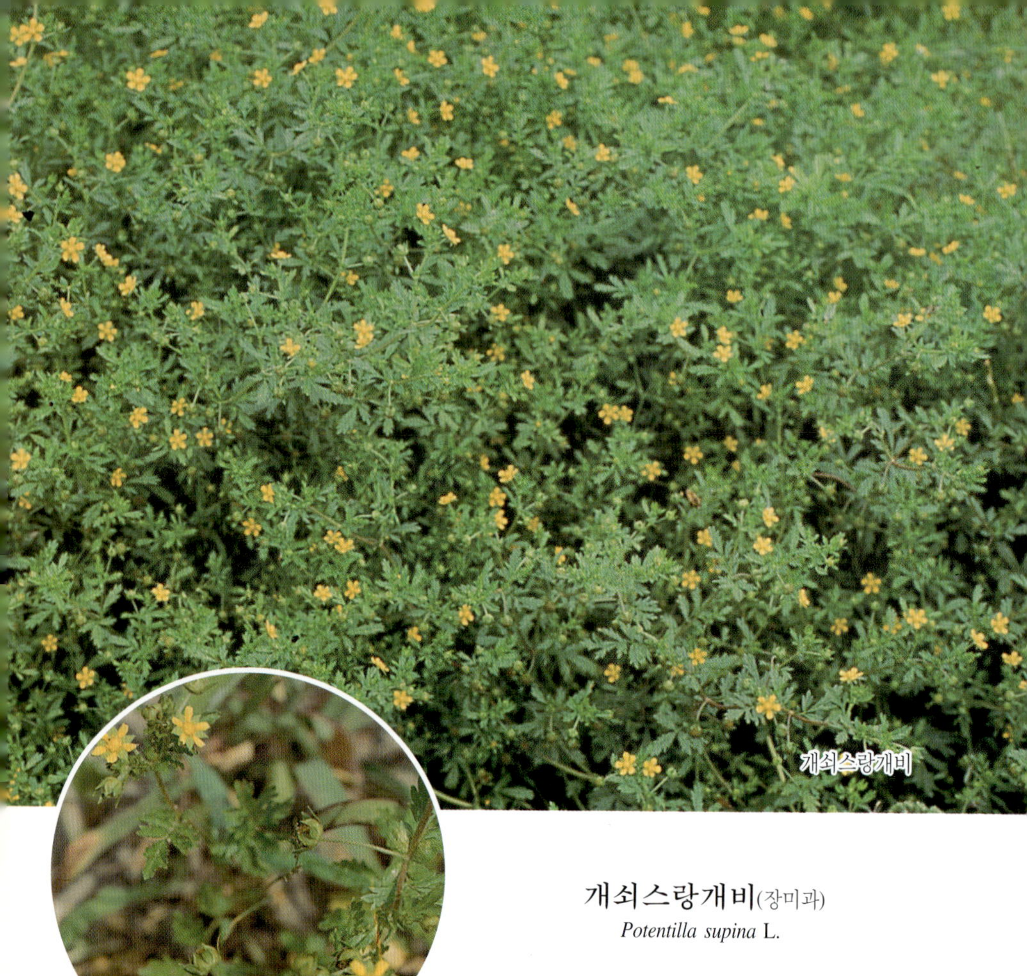

개쇠스랑개비(장미과)
Potentilla supina L.

유럽 원산이며 우리나라 개항 이후 들어온 식물로 지리
적으로 북아메리카, 아시아, 북아프리카 등지에 분포한다. 국
내에는 전국의 하천변이나 습지에 널리 퍼져 있다. 어린 잎은 봄나
물로 식용한다. 한해살이풀로 줄기는 높이가 20 내지 40센티미터이고 기
부에서 가지를 치며 광택이 있다. 잎은 1회 깃꼴 겹잎으로 3 내지 4쌍의 작은잎이 있다. 줄기 위
쪽에 3개의 작은잎이 있으며 가장자리에 톱니가 있다.

5월에서 8월에 꽃이 피며 꽃은 지름이 7 내지 11밀리미터이고 소포엽(小苞葉)이 5개이며 꽃
받침은 5개로 알꼴이다. 꽃잎은 도란형으로 2.5 내지 3밀리미터 길이에 황색이다. 이 식물과 비
슷한 아무르강 원산인 좀개쇠스랑개비(Potentilla amurensis Max.)는 3개의 작은잎이 있고 꽃
잎의 길이가 1밀리미터로 아주 작아서 개쇠스랑개비와 구별이 된다. 역시 하천가나 모래땅에
섞여 자라고 있다.

족제비싸리 (콩과)

Amorpha fruticosa L.

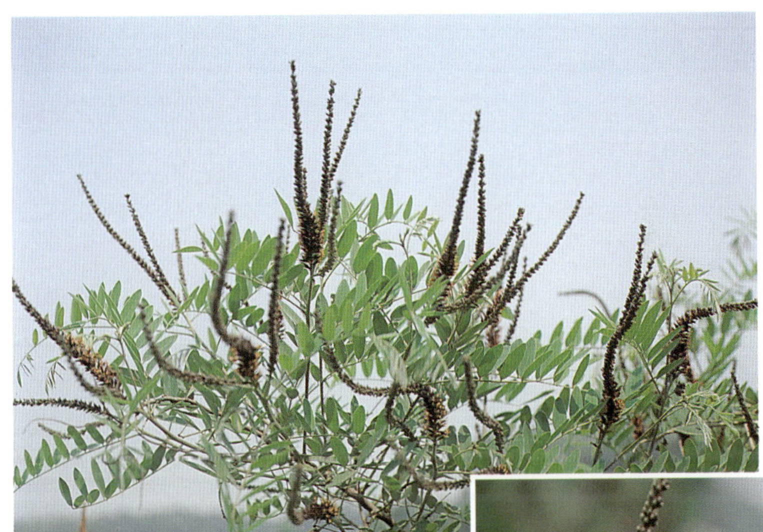

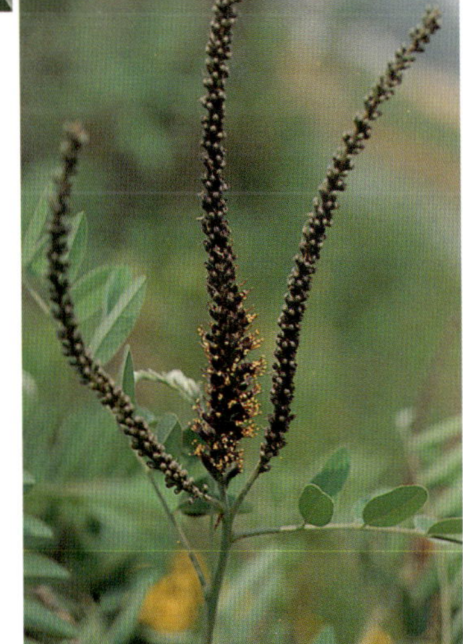

　북아메리카 원산으로 우리나라에는 1930년경 만주를 경유해서 들어왔다. 사방 지역이나 비탈진 맨땅에 피복 식물로 이용되었던 것이 야생화되어 귀화하였다.

　낙엽성 떨기나무〔落葉灌木〕이다. 높이가 3미터에 이르며 작은 가지에 털이 있으나 점차 없어진다. 잎은 어긋나기이고 홀수의 깃꼴 겹잎으로 11 내지 25개의 작은잎이 달리는데 작은잎은 타원형으로 길이는 1.5 내지 3센티미터이고 뒷면에 털이 약간 있거나 없다.

　꽃은 5월에서 6월에 피며 가지 끝에 길이 7 내지 15센티미터의 수상 꽃차례를 만든다. 길이가 6밀리미터로 자줏빛이 도는 하늘색이고 향기가 있다. 기변은 알꼴을 한 원형이고 6밀리미터의 길이에 날개변과 용골변은 없다. 열매는 9월에 익고 길이는 7 내지 9밀리미터로 약간 굽었으며 씨는 콩팥꼴이다.

자운영(콩과)

Astragalus sinicus L.

중국 원산이며 우리나라 개항 이후 거름으로 쓰기 위하여 재배되던 것이 최근 야생화되었는데 남부 지방에서 흔히 볼 수 있다.

두해살이풀이다. 줄기는 높이가 10 내지 25센티미터이고 기부에서 가지를 많이 친다. 잎은 1회 깃꼴 겹잎이며 작은잎은 9 내지 11쌍이고 도란형으로 길이는 0.6 내지 2센티미터이고 너비는 0.3 내지 1.5센티미터이다. 턱잎은 알꼴로 0.3 내지 0.6센티미터의 길이로 끝이 뾰족하다.

4월에서 5월에 꽃이 피며 홍자색이고, 7 내지 10개의 나비 모양의 꽃 곧 접형화〔蝶形花〕가 길이 10 내지 20센티미터의 긴 꽃자루 끝에 우산 모양으로 달린다. 길이가 4밀리미터 정도인 꽃받침에는 백색의 털이 드문드문 있고 끝이 5갈래로 갈라졌다. 열매는 길이가 2 내지 2.5센티미터이고 폭이 6밀리미터로 흑색이며 털이 없다. 씨는 노랑색이고 편평하다.

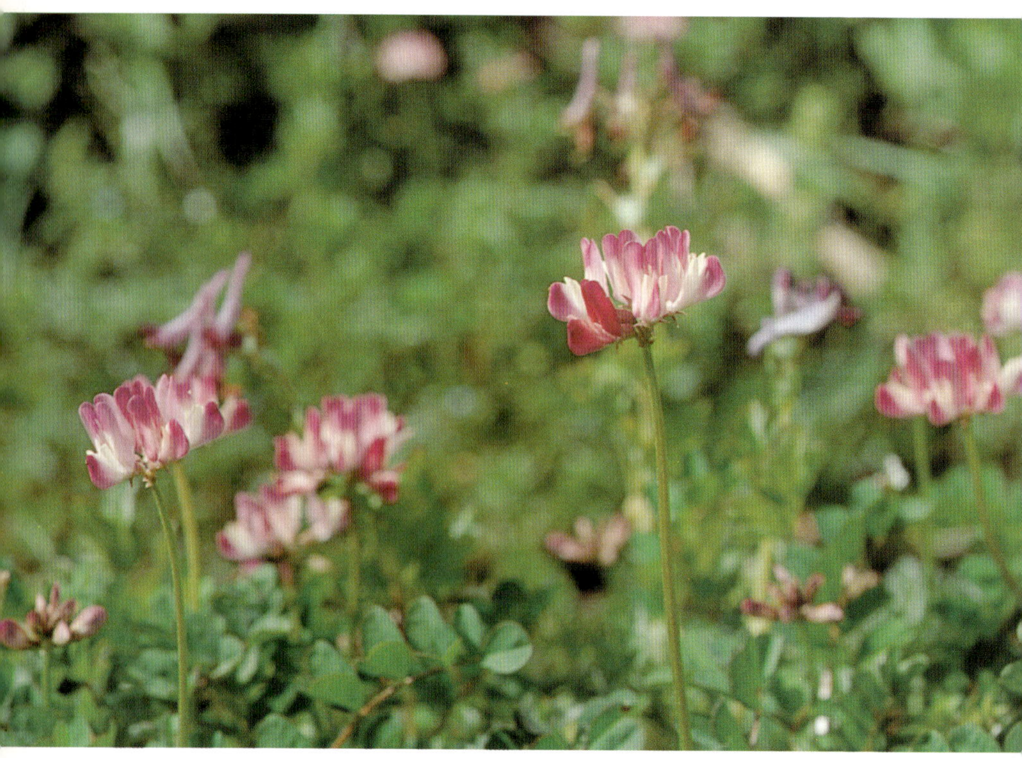

서양벌노랑이 (콩과)

Lotus corniculatus L.

유럽 원산으로 1995년 우리나라에 귀화가 알려진 식물이다. 지리적으로 북아메리카, 호주, 인도, 이란, 중국, 일본 등지에 분포하며 국내에서는 남부 지방과 제주도의 바닷가 모래땅에 자라고 있다.

여러해살이풀이다. 뿌리는 곧은뿌리이고, 줄기는 밑에서 가지를 많이 치며 높이는 10 내지 40센티미터이다. 3개의

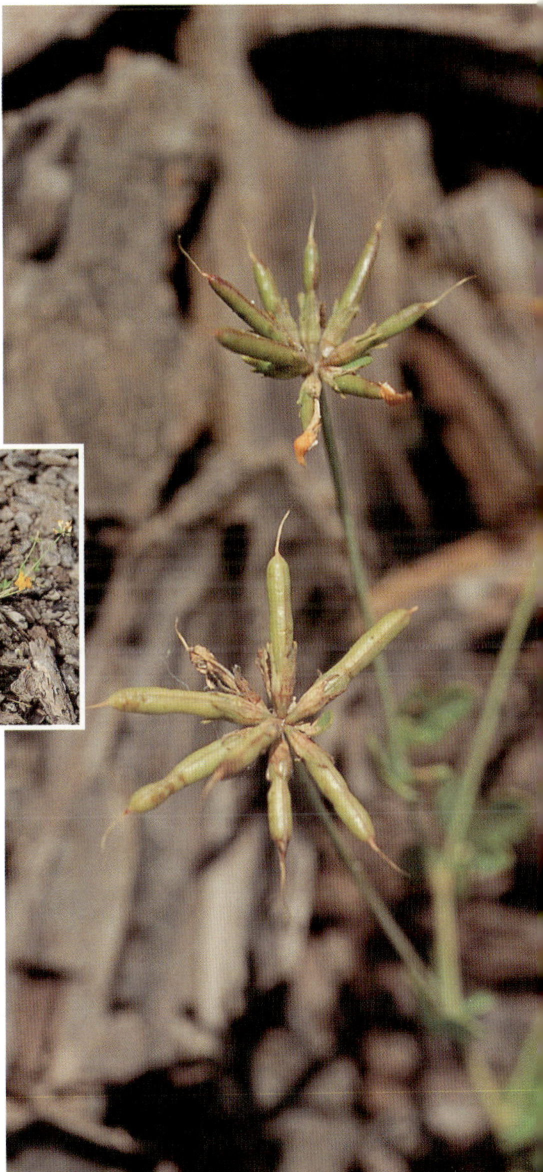

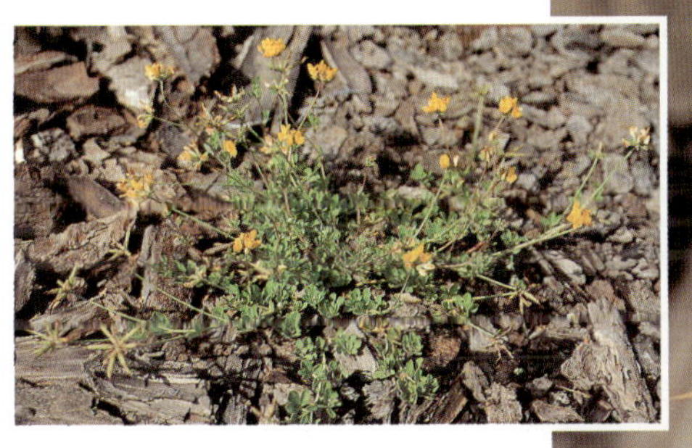

작은잎이 있는데 턱잎이 작은잎과 같은 모양이어서 5개의 작은잎으로 이루어진 것처럼 보인다. 작은잎은 알꼴이며 길이가 7 내지 13밀리미터이고 너비는 3 내지 8밀리미터이다.

꽃은 6월에서 8월에 피며 3 내지 7개의 황색 접형화가 줄기 끝에 우산 모양으로 달린다. 꽃받침은 길이가 5 내지 8밀리미터로 끝은 5갈래로 갈라진다. 꽃잎은 황색으로 기변은 길이가 1 내지 1.5센티미터이며 날개변과 용골변은 각각 길이가 1센티미터이다. 자생종인 벌노랑이는 이 식물의 변종으로 전국 바닷가 근처에 분포하며 2 내지 3개의 꽃이 달리는 것으로 구별된다.

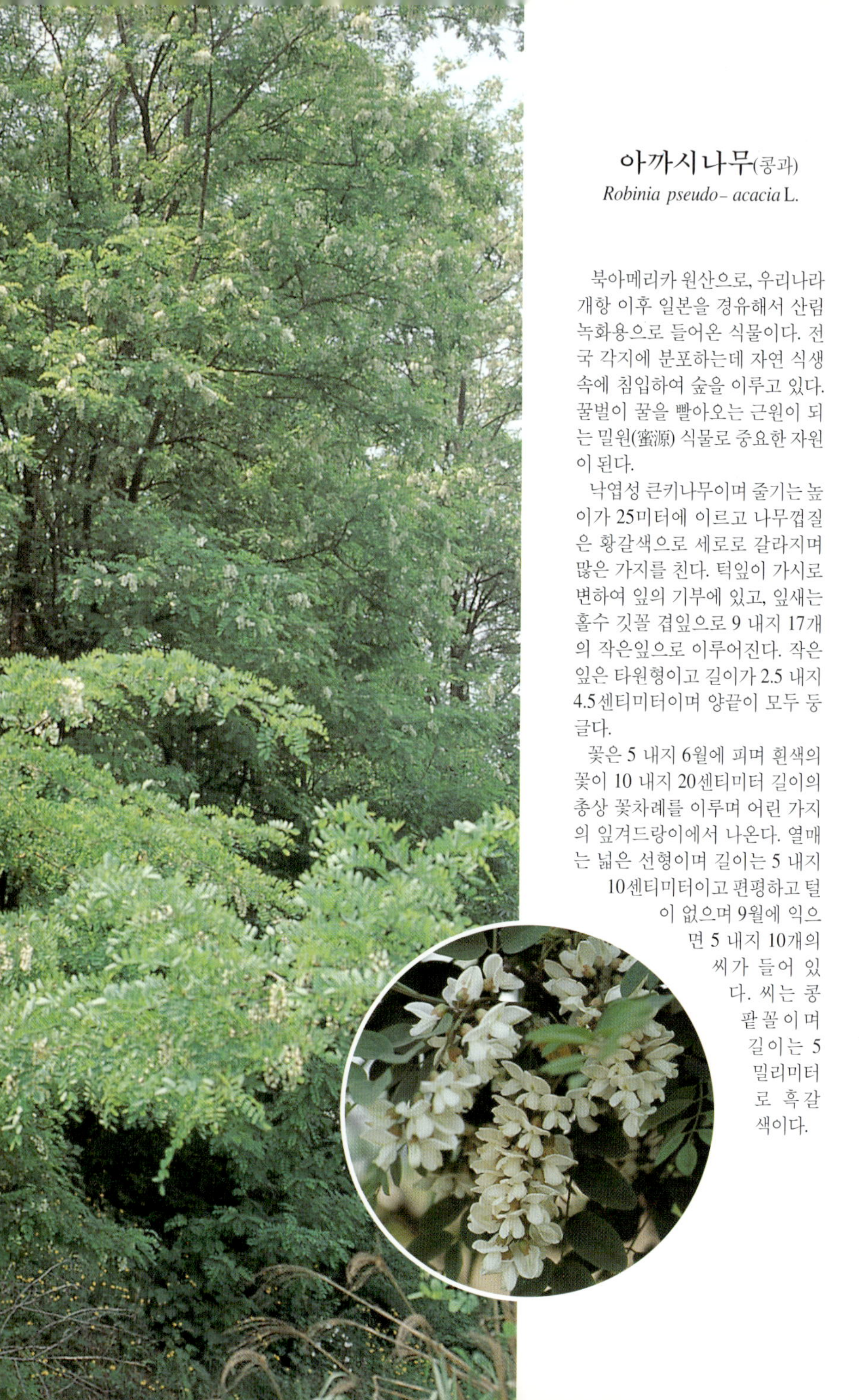

아까시나무(콩과)
Robinia pseudo-acacia L.

북아메리카 원산으로, 우리나라 개항 이후 일본을 경유해서 산림 녹화용으로 들어온 식물이다. 전국 각지에 분포하는데 자연 식생 속에 침입하여 숲을 이루고 있다. 꿀벌이 꿀을 빨아오는 근원이 되는 밀원(蜜源) 식물로 중요한 자원이 된다.

낙엽성 큰키나무이며 줄기는 높이가 25미터에 이르고 나무껍질은 황갈색으로 세로로 갈라지며 많은 가지를 친다. 턱잎이 가시로 변하여 잎의 기부에 있고, 잎새는 홀수 깃꼴 겹잎으로 9 내지 17개의 작은잎으로 이루어진다. 작은잎은 타원형이고 길이가 2.5 내지 4.5센티미터이며 양끝이 모두 둥글다.

꽃은 5 내지 6월에 피며 흰색의 꽃이 10 내지 20센티미터 길이의 총상 꽃차례를 이루며 어린 가지의 잎겨드랑이에서 나온다. 열매는 넓은 선형이며 길이는 5 내지 10센티미터이고 편평하고 털이 없으며 9월에 익으면 5 내지 10개의 씨가 들어 있다. 씨는 콩팥꼴이며 길이는 5밀리미터로 흑갈색이다.

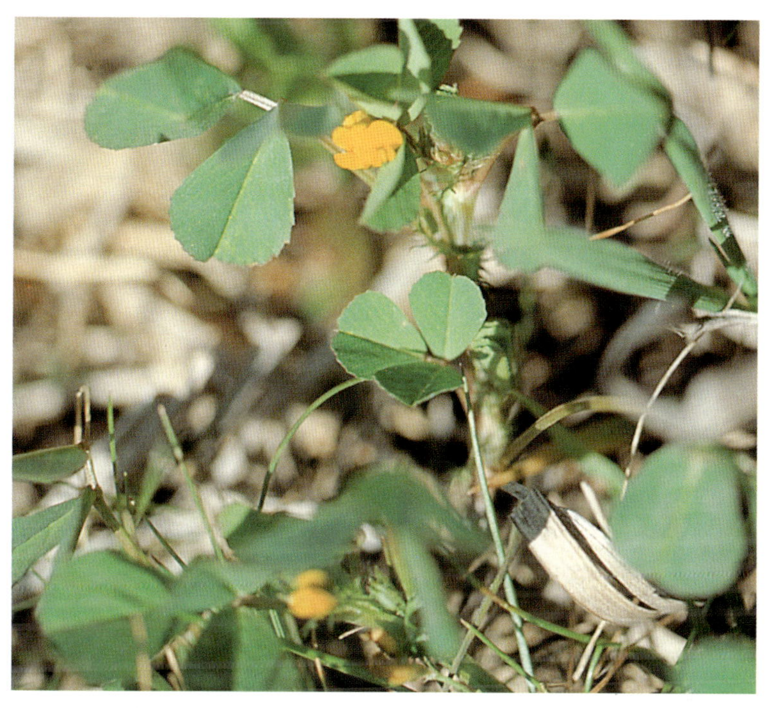

개자리 (콩과)

Medicago denticulata WILLD.

　유럽 원산이고 우리나라 개항 이후에 들어온 식물이다. 지리적으로 북아메리카, 아시아 등지에 널리 분포하고 국내에는 전국 각지의 빈터, 밭둑 길가에 널리 자라고 있다.
　한해살이풀이다. 줄기는 기부에서 많은 가지가 갈라지며 길이는 20 내지 60센티미터이고 땅을 기면서 사방으로 퍼진다. 3개의 작은잎이 있고 줄기에서 어긋나기를 한다. 턱잎은 빗살 모양의 톱니로 깊게 갈라졌고 4 내지 6밀리미터의 길이이다. 작은잎은 도란형으로 길이는 7 내지 25밀리미터이고 너비가 3 내지 20밀리미터이며 위쪽 가장자리에 톱니가 있다.
　4월에서 6월에 꽃이 피며 황색의 접형화 4 내지 8개가 모여 여러 꽃이 꽃대 끝에 머리 모양으로 엉겨 붙어 피어서 한 송이처럼 보이는 두상 꽃차례〔頭狀花序〕를 만든다. 꽃은 길이가 4 내지 5밀리미터이고, 꽃받침은 종 모양이며 열편이 통부보다 약간 긴 편이다. 열매는 2 내지 3회 나선형으로 꼬이며 갈고리 모양의 가시로 덮여 있다. 씨는 콩팥꼴이며 길이가 3밀리미터로 적갈색이다.

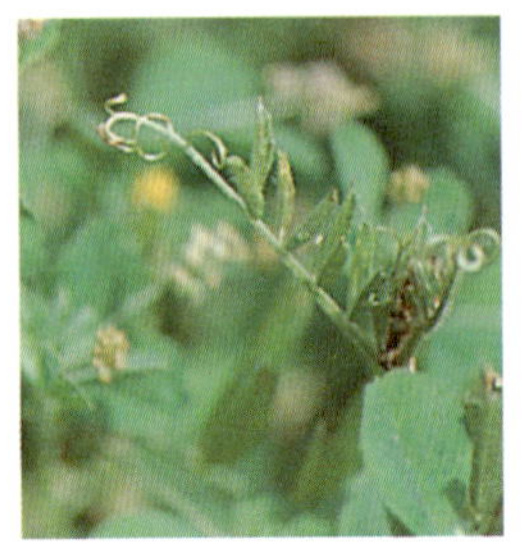

잔개자리 (콩과)
Medicago lupulina L.

유럽 원산이며 우리나라의 개항 이후 목초 또는 거름용으로 수입, 재배되던 것이 야생화되어 현재는 전국 각지에 분포하고 있다. 지리적으로 북아메리카와 아시아 등지에 분포한다.

한해 또는 두해살이풀이다. 줄기는 기부에서 가지를 치며 길이는 10 내지 60센티미터이다. 잎자루는 길이가 1 내지 2센티미터이고 3개의 작은잎이 있다. 작은잎은 도란형으로 길이가 0.7 내지 1.4센티미터이고 너비가 0.5 내지 1.2센티미터이며 톱니는 위쪽에만 있다. 턱잎에는 거의 톱니가 없다.

5월에서 7월에 꽃이 피며 잎겨드랑이에서 꽃차례가 생기고 20 내지 30개의 접형화가 모여 핀다. 꽃은 밝은 황색이며 길이가 2 내지 4밀리미터이고 꽃받침에는 털이 있고 피침형의 뾰족한 열편은 통부보다 길다. 열매는 끝이 반회전이 되고 가시는 없으며 콩팥꼴이고 표면에 망상무늬가 있다. 씨는 길이가 1.5밀리미터로 갈색 또는 노랑색이다.

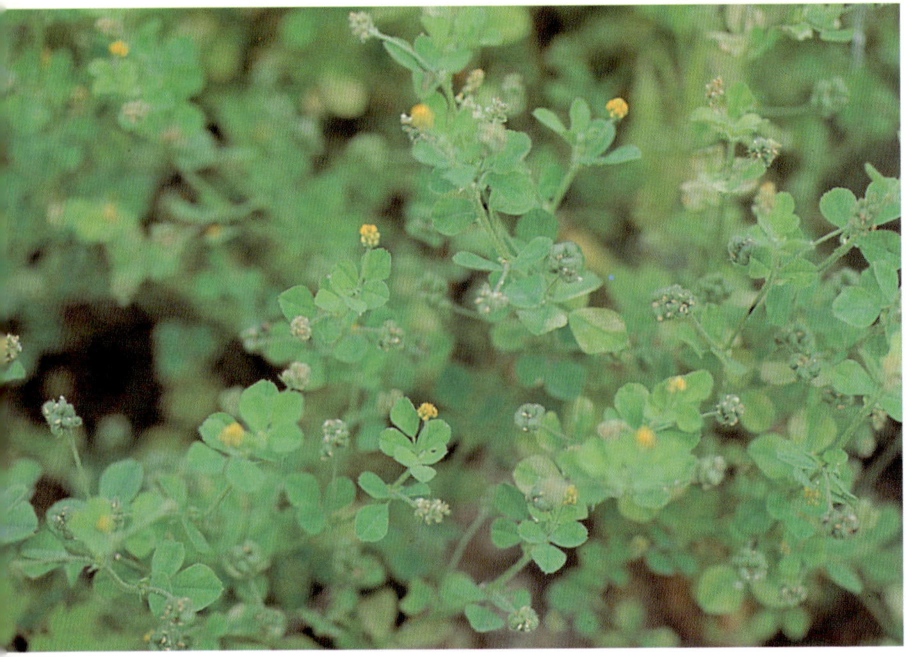

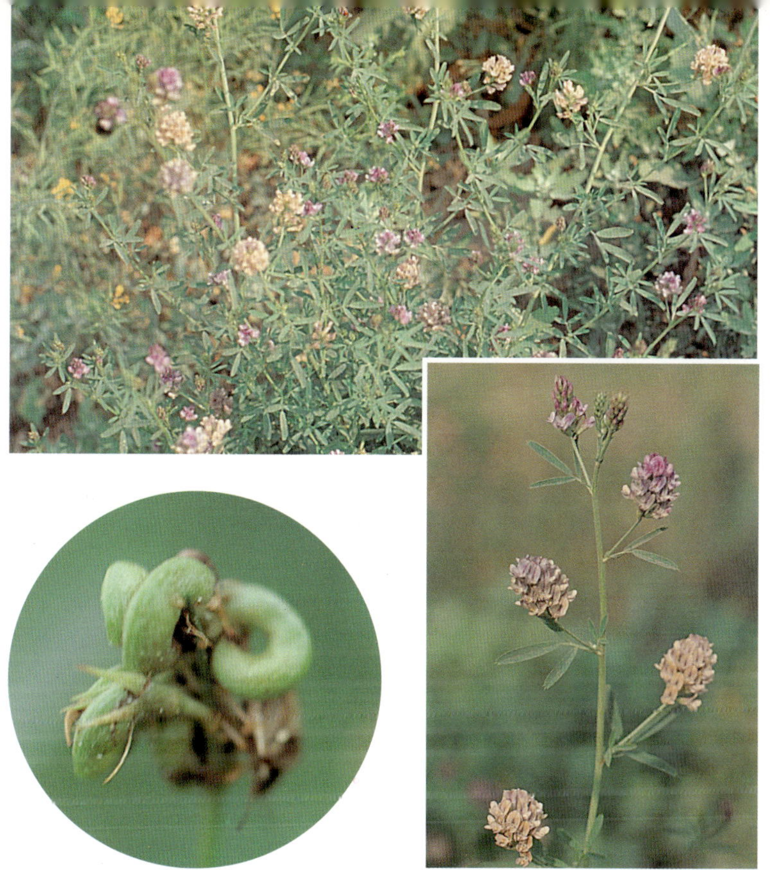

자주개자리(콩과)

Medicago sativa L.

지중해 연안이 원산지이고 우리나라의 개항 이후 '알팔파' 라는 이름의 목초로 수입, 재배되던 것이 야생화되었다. 한반도 북부와 중부 지방에 산발적으로 자라고 있다.

여러해살이풀로 줄기의 높이는 40 내지 100센티미터이고 어릴 때는 가는 털이 흩어져 있는데 자라면 없어진다. 잎은 어긋나기이고 1 내지 2센티미터 길이의 잎자루가 있다. 3개의 작은 잎이 있는데 도피침형이고 위쪽에 톱니가 있다. 턱잎은 선상 피침형으로 끝이 날카롭게 뾰족하고 톱니가 없다.

꽃은 5월에서 7월에 피며 자주색, 노랑색 또는 연한 자주색이고 잎겨드랑이나 가지 끝에 5 내지 30개의 꽃이 모여 총상 꽃차례를 이룬다. 꽃자루의 길이는 2 내지 5센티미터이고 꽃의 길이는 7 내지 8밀리미터이다. 열매는 2 내지 3회 나선형으로 말리며 편평하고 지름은 4 내지 6밀리미터이다.

전동싸리(콩과)

Melilotus suaveolens LEDEB.

중국 원산이며 우리나라 개항을 전후하여 들어온 식물이다. 지리적으로 유럽, 몽고, 일본, 시베리아 등지에 분포하며 국내에는 전국 각지의 황무지나 냇가에 분포한다.

두해살이풀이다. 줄기의 높이는 50 내지 90센티미터이고 가지를 많이 친다. 3개의 작은잎이 있으며 도란형이고 길이가 1.5 내지 3센티미터, 너비가 0.6 내지 1.5센티미터이다. 잎 가장자리에 6 내지 11개의 톱니가 있다. 턱잎은 송곳 모양이며 기부가 부풀어 올라 커져 있다.

꽃은 6월에서 8월에 피며 총상 꽃차례가 잎겨드랑이나 가지 끝에 달린다. 꽃은 엷은 황색이고 길이가 4 내지 6밀리미터이며 기변은 날개변보다 약간 길다. 열매는 넓은 타원형이고 길이가 3 내지 4밀리미터이며 1 내지 2개의 씨가 들어 있다. 중앙아시아 원산이며 꽃색이 흰 것을 흰전동싸리(*M. alba*)라 하는데 거의 전국적으로 분포하고 있다.

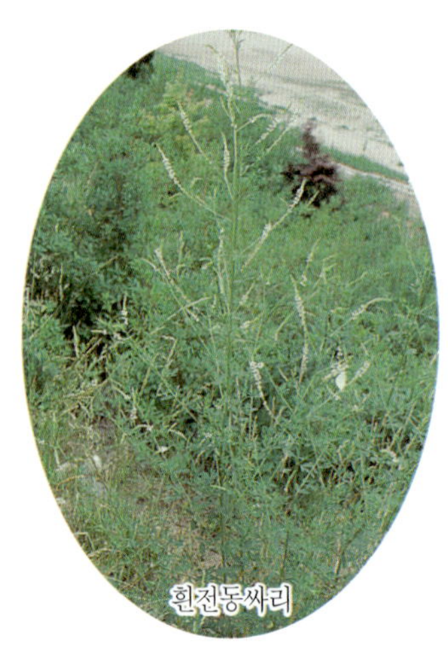

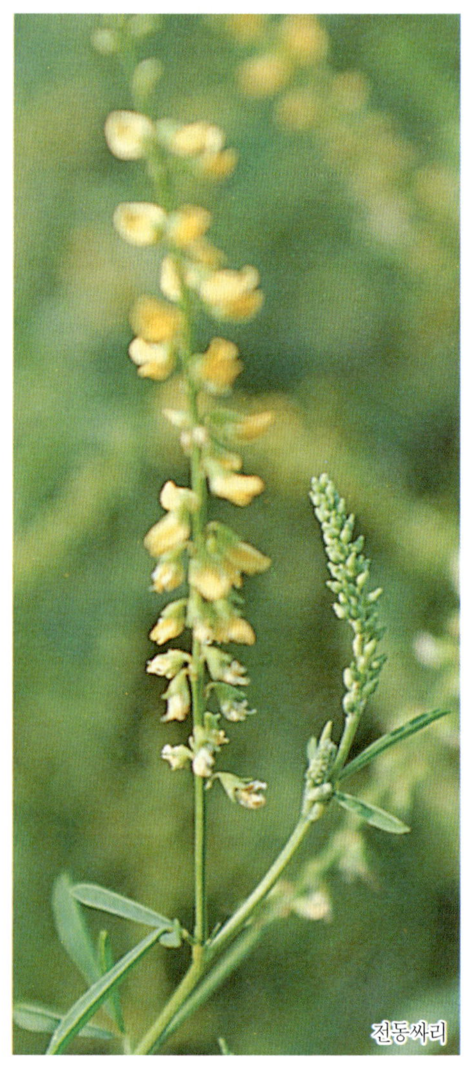

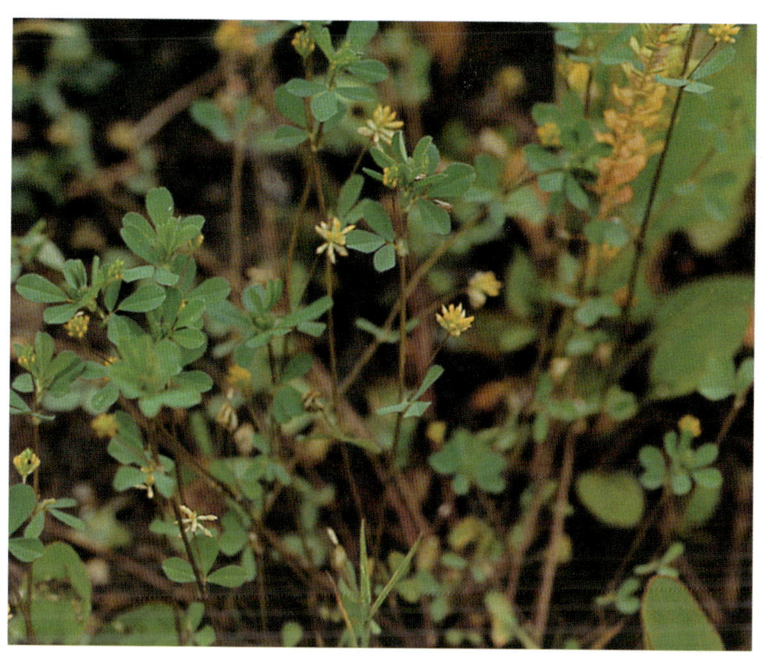

애기노랑토끼풀(콩과)

Trifolium dubium SIBTH.

유럽과 서아시아 원산이며 1992년에 알려진 식물이다. 지리적으로 북아메리카와 일본 등지에 분포하며 국내에는 서울의 한강 고수부지에 자라고 있다.

한해살이풀로 줄기의 높이가 20 내지 40센티미터이며 지면을 포복하면서 끝이 곧추선다. 3개의 작은잎이 있는데 도란형이고 길이는 6 내지 10밀리미터이며 위쪽에 톱니가 있다.

잎자루는 길이가 2 내지 7밀리미터로 턱잎은 하반부가 잎자루와 붙어 있다. 토끼풀류 가운데 가장 작은 종으로 분홍이나 흰색 꽃이 피는 토끼풀과 구별된다.

5월에서 6월에 꽃이 피며 황색으로 5 내지 15개의 접형화가 모여 길이 7밀리미터, 지름 5밀리미터의 두상 꽃차례를 이룬다. 꽃받침은 털이 없으며 길이는 약 2밀리미터이고 꽃잎 길이는 3 내지 4밀리미터이며 엷은 황색이다. 기변은 긴 타원형으로 5 내지 7개의 뚜렷한 맥이 있다.

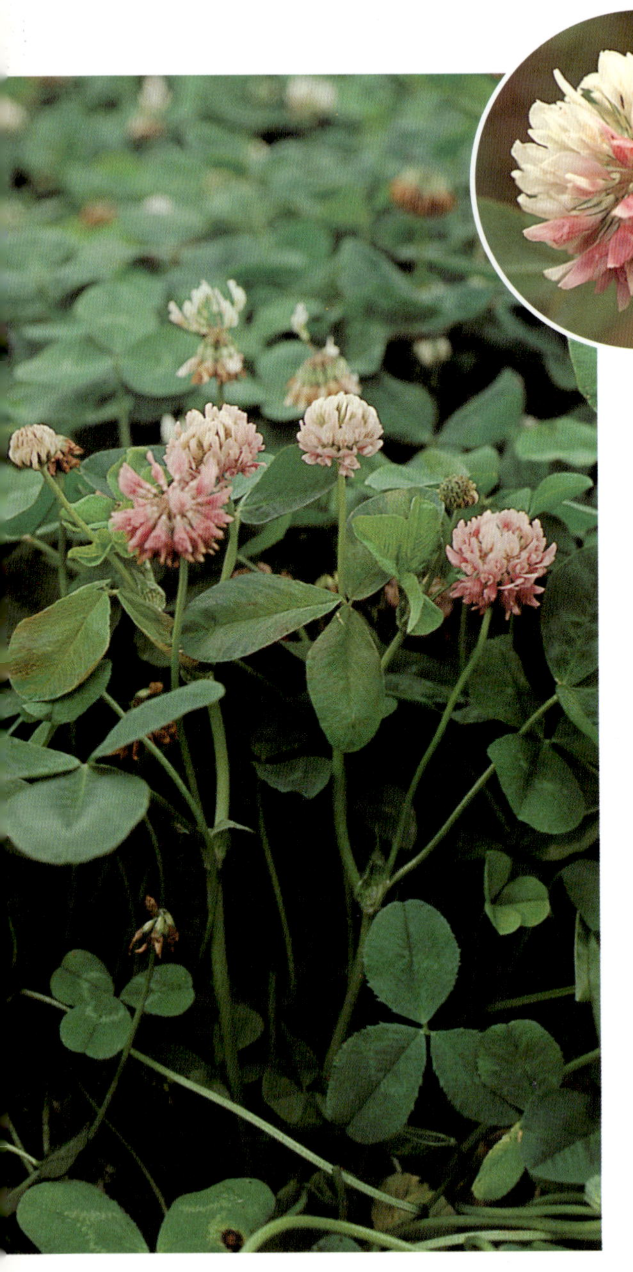

선토끼풀(콩과)
Trifolium hybridum L.

유럽과 서아시아 원산이며 1993년에 알려진 식물이고 지리적으로 북아메리카, 일본 등지에 분포한다. 국내에는 서울의 한강 고수부지에서 볼 수 있다. 토끼풀과 같이 자라며 자세히 관찰하지 않으면 발견되지 않는다. 토끼풀밭에서 줄기가 곧게 서서 수북하게 부풀고 꽃색이 분홍색인 곳을 보면 쉽게 발견된다.

여러해살이풀이다. 줄기의 높이는 10 내지 20센티미터이고 곧게 선다. 잎자루는 아래쪽은 10 내지 20센티미터이고 위쪽은 4센티미터이다. 3개의 작은잎이 있으며 도란형이다. 턱잎은 피침형으로 끝이 꼬리 모양이고 길이는 3센티미터에 이른다.

꽃은 5월에서 9월에 피며 담홍색으로, 붉은토끼풀에 비하여 5 내지 7센티미터의 꽃자루가 있는 점이 다르다.

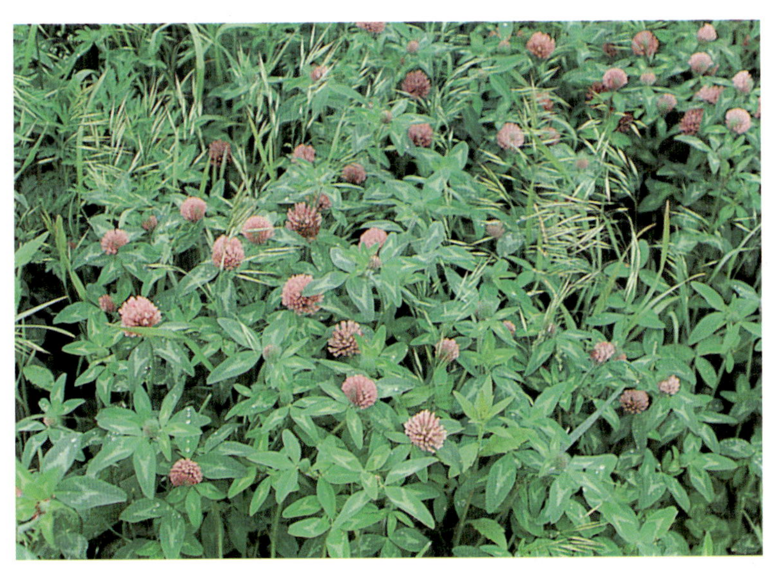

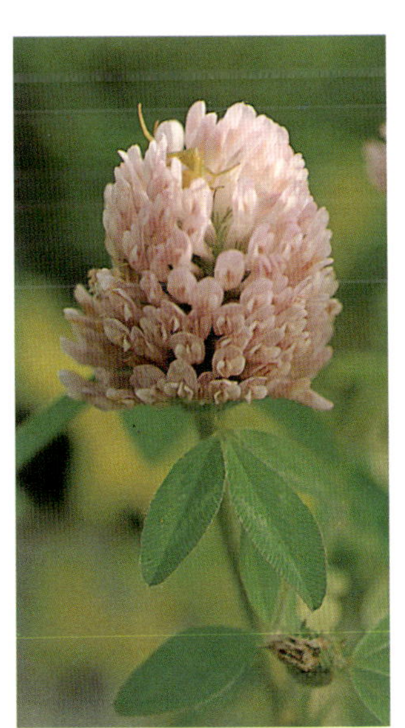

붉은토끼풀(콩과)

Trifolium pratense L.

유럽 원산이며 우리나라에는 개항 이후 들어온 식물이다. 목초 또는 거름용으로 재배되던 것이 야생화되어 현재는 전국 각지에 자라고 있다. 지리적으로는 북아메리카와 아시아 등지에 분포한다.

여러해살이풀이다. 줄기는 높이가 20 내지 70센티미터이고 곧게 서며 긴 털이 옆으로 퍼진다. 3개의 작은잎이 있고 어긋나기이며 줄기 끝에 꽃이 있는 곳에서만 마주나기를 한다. 잎자루의 길이는 2 내지 7센티미터이고 턱잎은 알꼴로 끝이 길고 뾰족해진다.

5월에서 8월에 꽃이 핀다. 꽃은 담홍색이며 꽃자루는 없고 2 내지 3센티미터 길이의 두상 꽃차례가 달린다. 꽃은 길이가 12 내지 16밀리미터로 접형화이다. 꽃받침에는 10맥이 있고 꽃받침 조각은 5개인데 맨 아래 1개만 길다. 꽃의 색이 백색인 것(*Trifolium pratense* f. *albiflorum* ALEF.)이 있는데 제주도에서 자란다.

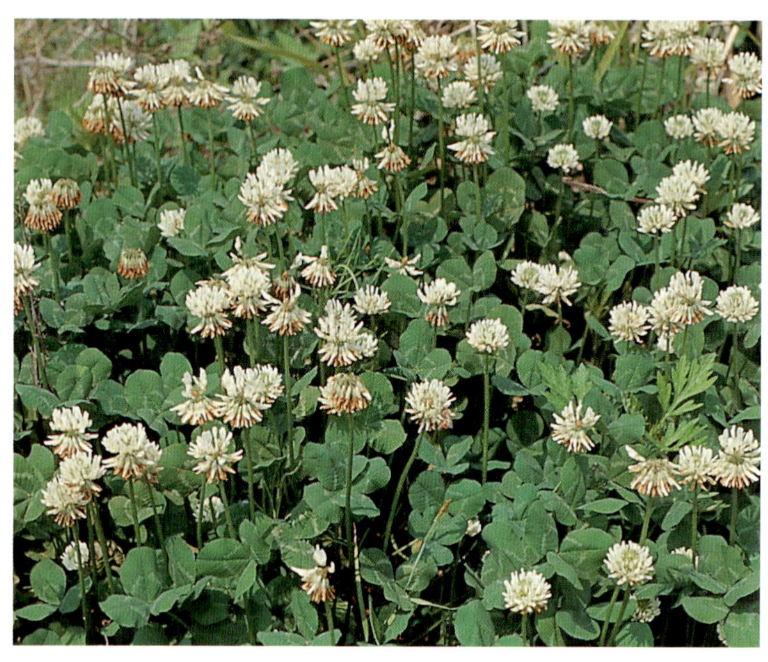

토끼풀_(콩과)

Trifolium repens L.

유럽과 북아프리카가 원산지이며 우리나라 개항 이후 목초로 수입, 재배되었고 일명 클로버라고 알려져 있다. 현재 전국 각지 잔디밭이나 하천 고수부지, 정원 등 일조 조건이 좋은 곳에 널리 자라고 있다.

여러해살이풀이다. 줄기는 땅을 기며 가지를 치고 마디에서 뿌리가 생긴다. 잎자루는 6 내지 20센티미터의 길이이며 3개의 작은잎이 있다. 작은잎에는 짧은 자루가 있고 둥근 모양이며 길이는 1 내지 3센티미터이다. 끝이 둥글며 가장자리에 미세한 톱니가 있다. 턱잎은 알꼴을 한 피침형이며 끝이 뾰족하고 길이는 1센티미터 이하이다.

꽃은 5월에서 10월에 피며 백색 또는 담홍색이다. 꽃자루의 길이는 10 내지 30센티미터이고 끝에 두상 꽃차례가 생기며 꽃차례는 공 모양〔球形〕으로 지름이 2센티미터이다. 꽃은 길이가 6 내지 12밀리미터이며 접형화이다. 꽃받침은 털이 없고 10개의 초록색 맥이 있다. 열매는 꽃받침에 싸여 있고 2 내지 4개의 씨가 들어 있다.

유럽쥐손이(쥐손이풀과)

Erodium moschatum L'HER.

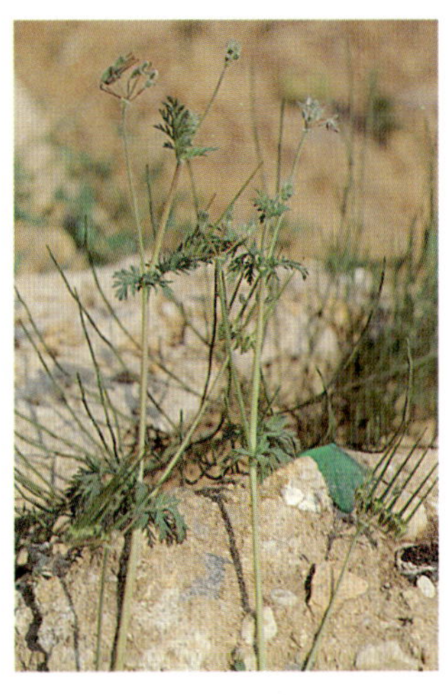

지중해 연안이 원산지이고 1993년에 알려진 식물이다. 지리적으로 북아메리카와 일본 등지에 분포하며 국내에서는 서울과 수인 산업 도로변에 자라고 있다.

한해살이풀이다. 줄기는 많은 가지를 치며 아래쪽은 땅에 눕고 성기게 털이 있으며 위쪽이 곧게 서는데 샘털이 있고 길이는 50센티미터 안팎이다. 잎은 어긋나기이며 잎새는 깃꼴 겹잎으로 길이가 20센티미터에 이르며 3 내지 6쌍의 작은잎이 있다. 작은잎은 알꼴로 길이는 14 내지 30밀리미터이고 너비는 12 내지 18밀리미터이며 톱니가 있다.

4월에서 6월에 꽃이 피며 홍자색 꽃이 6 내지 12개가 모여 꽃대의 끝에 여러 꽃자루가 방사상으로 나와 그 끝에 꽃이 하나씩 피는 산형 꽃차례를 만든다. 꽃자루는 길이가 12 내지 18센티미터이고 샘털이 있다. 꽃받침은 5개이며 6 내지 9밀리미터의 길이에 꽃잎은 홍자색이다. 열매는 2 내지 4.5센티미터의 주둥이가 있는 분과(分果)이다. 분과의 표면에는 뾰족한 털이 있고 끝쪽 큰 홈에는 선껍이 있다.

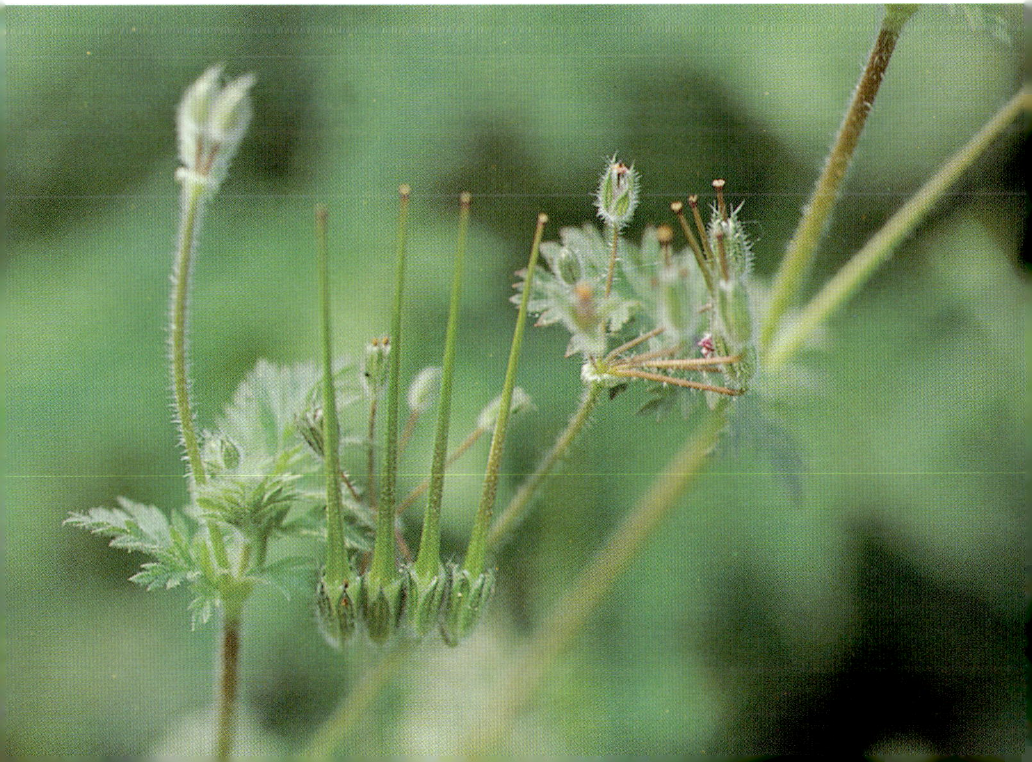

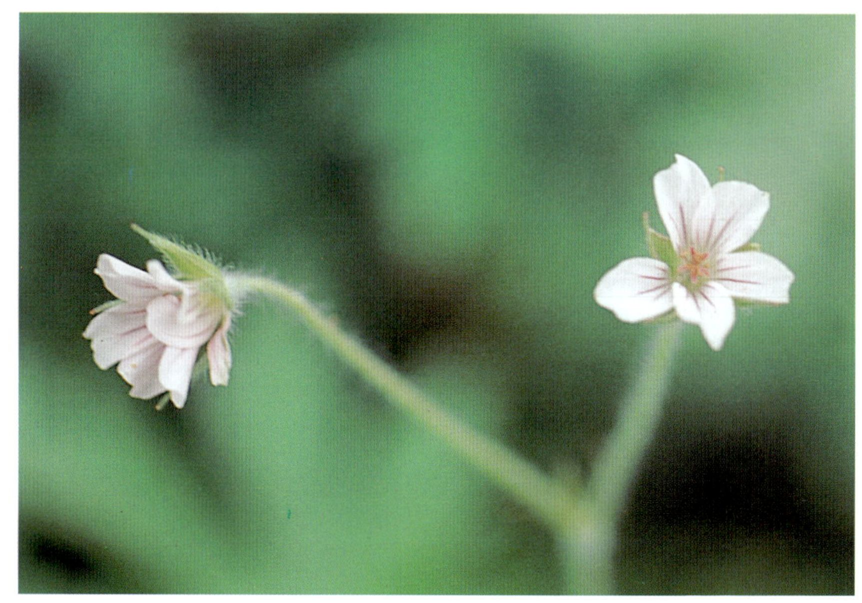

미국쥐손이 (쥐손이풀과)
Geranium carolinianum L.

북아메리카 원산이며 최근에 알려진 식물이다. 중국, 일본 등지에 귀화되었으며 국내에서는 중부와 남부 지방의 민가 근처 빈터, 길가에 자라고 있다.

한해살이풀로 줄기는 많은 가지를 치고 옆으로 비스듬히 눕고 10 내지 40센티미터의 길이에 미세한 털이 빽빽하게 난다. 잎에는 긴 자루가 있고 잎새는 손바닥 모양으로 기부 근처까지 깊게 5 내지 7열로 되어 있으며 열편은 다시 갈라진다. 턱잎은 피침형으로 연하며 털이 없다.

꽃은 5월에서 6월에 피며 긴 꽃자루 끝에 2 내지 6개의 꽃이 달린다. 꽃은 담홍색이고 지름은 6 내지 8밀리미터이며 꽃받침 열편 끝에 단단한 막대 모양의 돌기가 있다. 꽃잎은 5개이고 꽃받침과 길이가 같다. 수술은 10개, 암술은 1개이고 열매는 길이가 1.5 내지 2센티미터이며 작은 털로 덮여 있다. 씨는 길이가 2밀리미터로 미세한 그물 무늬가 있다.

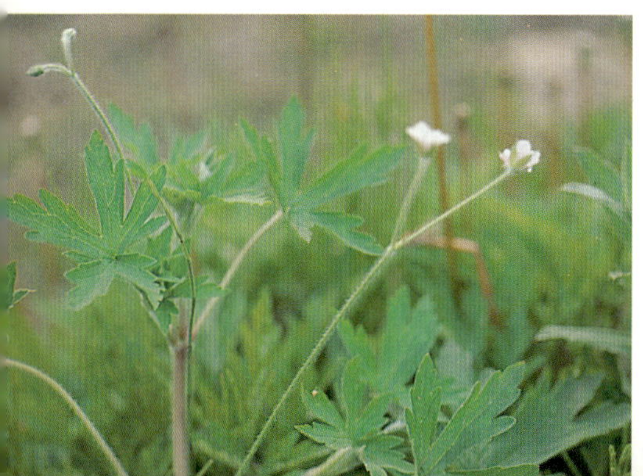

큰땅빈대(대극과)

Euphorbia maculata L.

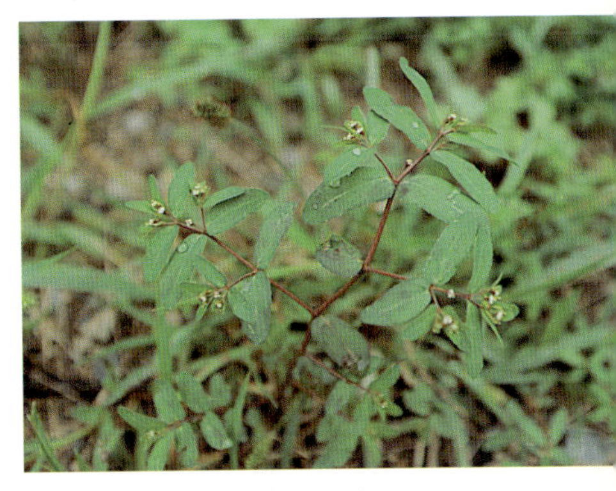

북아메리카 원산으로 8 · 15 광복 이전에 들어온 식물이다. 유럽과 아시아에 귀화되었고 국내에서는 중부와 남부 지방 하천변 고수부지에 분포하여 잡초가 되었다.

한해살이풀이다. 줄기는 곧게 서며 20 내지 60센티미터의 높이에 붉은색을 띠고 가지에는 작은 털이 있으나 자라면 없어진다. 잎은 길이가 1.5 내지 3.5센티미터이고 너비는 0.6 내지 1.2센티미터로 긴 타원형이다. 기부는 좌우가 비대칭을 이루고 표면은 청록색이고 뒷면은 백록색을 띤다.

6월에서 9월에 꽃이 피며 꽃은 배상 꽃차례〔杯狀花序〕를 이루고 가지가 갈라진 곳이나 가지 끝에 꽃이 달린다. 꽃차례에 선체(腺體)가 4개 있고 초록색으로 선체마다 백색 또는 연분홍색의 꽃잎처럼 보이는 부속체가 있다. 열매는 옆에서 보면 삼각형의 알꼴이며 위에서 보면 정삼각형으로 지름이 1.8밀리미터이며 털이 없다.

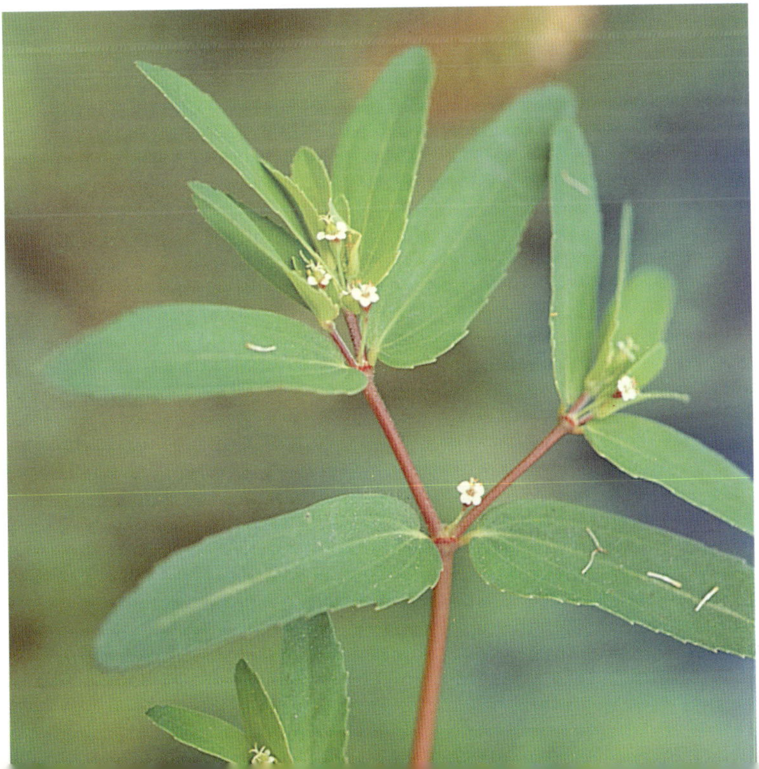

애기땅빈대(대극과)
Euphorbia supina RAFIN.

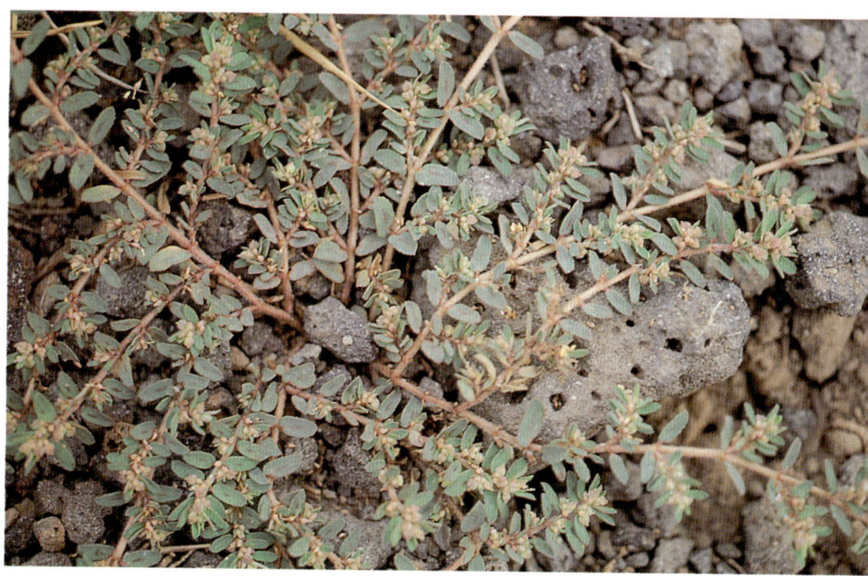

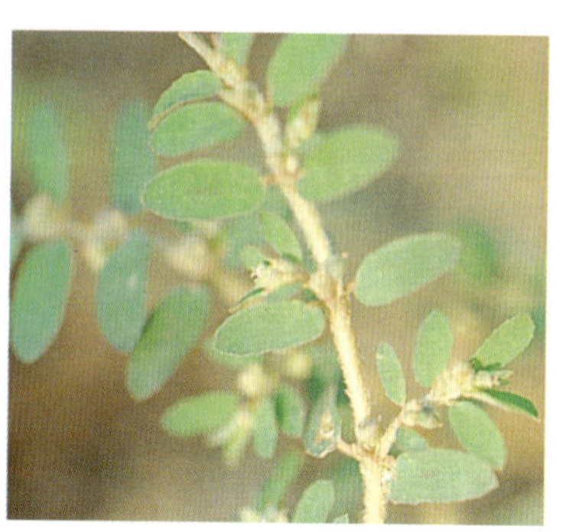

북아메리카 원산이다. 1910년대에 들어온 식물이며 유럽과 아시아에 분포하고 국내에는 전국 각지 민가 근처 빈터나 밭, 하천가에 자라고 있는데 자생종인 땅빈대의 생활 터전에 침입하여 밭 잡초로 자리잡고 있다. 한해살이풀이다. 줄기는 기부에서 많이 갈라지고 길이가 10 내지 25센티미터이며 땅에 붙어서 사방으로 퍼진다. 잎은 길이가 5 내지 10밀리미터이며 너비가 2 내지 4밀리미터이고 긴 타원형으로 표면의 중앙에 암자색 무늬가 뚜렷하다. 잎 가장자리에 톱니가 있고 마주나기 잎차례이다.

꽃은 여름에 피며 잎겨드랑이에서 배상 꽃차례가 생긴다. 총포(總苞)는 술잔 모양이며 표면에 털이 있다. 단물을 내는 기관인 밀선(蜜腺)은 4개이고 암술대는 3개로 각각 끝이 두 갈래로 갈라졌다. 열매는 위에서 보면 둥근 삼각형이고 지름이 1.5밀리미터로 전면에 누운 흰 털이 있다.

가죽나무(소태나무과)

Ailanthus altissima
SWINGLE

중국 원산이며 우리나라 개항 이전에 들어온 식물로 여겨진다. 전국 각지의 마을 주변 야산에 자라며 어린 잎을 나물로 식용한다.

낙엽성 큰키나무로 높이는 20미터에 이르며 나무껍질은 회갈색이다. 잎은 어긋나기이며 잎새는 홀수 깃꼴 겹잎이다. 길이는 60 내지 80센티미터이고 9 내지 15개의 작은 잎으로 이루어진다. 작은잎은 피침형 알끝이며 길이는 7 내지 13센티미터이고 너비는 5센티미터이며 하반부 가장자리에 2 내지 4개의 톱니가 있다.

꽃은 여름에 피며 가지 끝에 원추 꽃차례가 달리며 화서는 10 내지 30센티미터의 길이이다. 암수딴그루이며 꽃은 지름이 7 내지 8밀리미터이고 녹색이 도는 백색이다. 열매는 3 내지 5개씩 달리며 피침형으로 길이는 3 내지 4센티미터이고 너비는 1센티미터로 1개의 씨가 들어 있다.

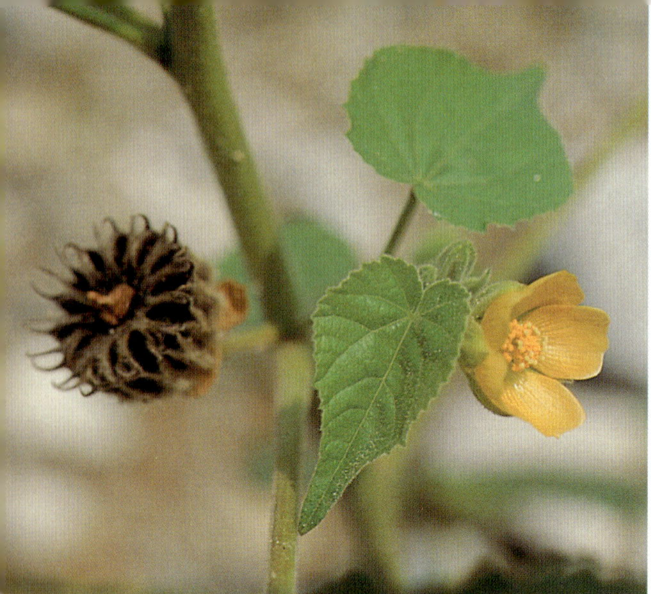

어저귀(아욱과)
Abutilon theophrasti
MEDICUS

인도 원산이다. 우리나라 개항과 더불어 섬유용 식물로 수입, 재배되던 것이 최근 화학 섬유에 밀려 버려져 야생으로 자라게 되었다. 북아메리카와 유럽, 아시아 지역에 분포하고 국내에서는 거의 전국적으로 빈터, 길가, 밭에 자라고 있다.

한해살이풀이다. 줄기의 높이는 50 내지 200센티미터이고 곧게 자라며 가지를 치고 짧은 털이 있다. 잎은 어긋나기이며 잎새는 염통꼴로 길이는 8 내지 10센티미터이다. 잎 가장자리에 톱니가 있고 양쪽 면에 연한 털[軟毛]이 있어 우단 같은 감이 돈다.

6월에서 9월에 꽃이 피며 꽃은 황색이고 가지에 2 내지 3개씩 달린다. 꽃자루는 잎자루보다 짧고 꽃받침이 5개이며 털이 많이 나고 꽃잎은 도란형으로 길이가 6 내지 15밀리미터이다. 열매는 반구형(半球形)으로 지름이 2센티미터이며 12 내지 16개의 분과로 이루어졌다. 씨는 콩팥꼴이며 지름은 3 내지 4밀리미터이다.

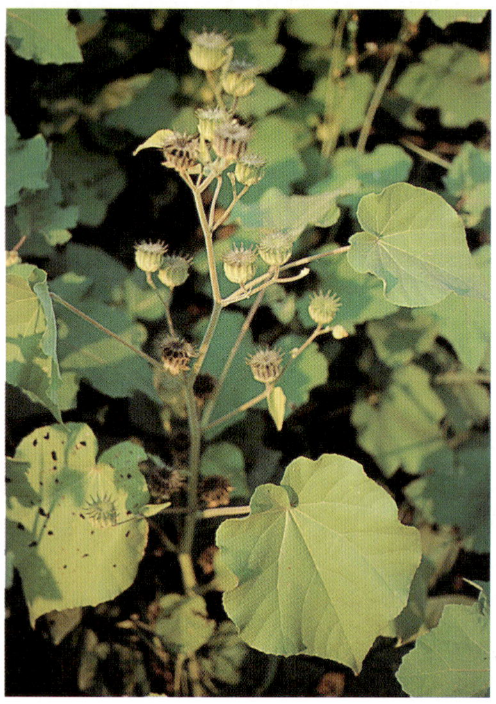

수박풀(아욱과)

Hibiscus trionum L.

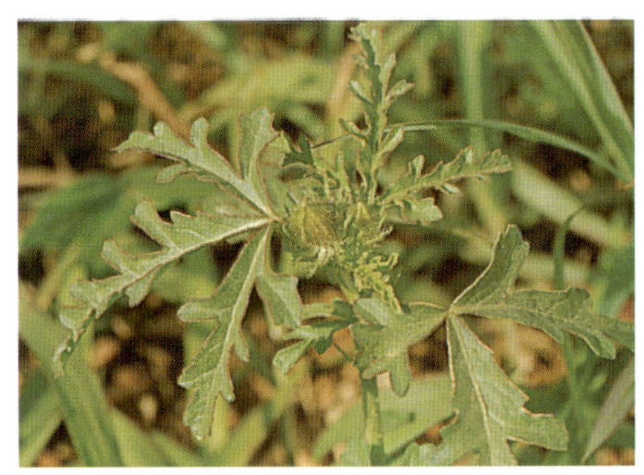

유럽이 원산지이다. 우리 나라 개항 이후 들어온 식물로 지리적으로 세계 각지에 귀화되었으며 국내에서도 전국 각지에 산발적으로 자라고 있다. 식물체 전체가 아름답고 꽃이나 열매가 관상 가치가 높아 화단에 재배하기도 한다.

한해살이풀이다. 줄기는 높이가 5 내지 75센티미터이고 곧게 자라며 가지를 친다. 잎은 어긋나기 잎차례이며 긴 잎자루가 있고 잎새는 새발 모양으로 3 내지 7 열편으로 갈라진다. 열편은 끝이 뭉툭하고 둔한 거치가 있고 가운데 열편은 길다.

꽃은 6월에서 10월에 피며 잎겨드랑이에 한 개씩 달리고 꽃자루는 마주한 잎자루보다 길다. 꽃은 지름이 3센티미터이고 담황색이다. 꽃받침은 종형이고 투명한 막질이며 자주색의 20맥이 있어 아름답다. 꽃잎은 5개이고 도란형이며 1.7 내지 3.3 센티미터의 길이에 끝이 무딘 편이다. 씨는 콩팥꼴로 적갈색이다.

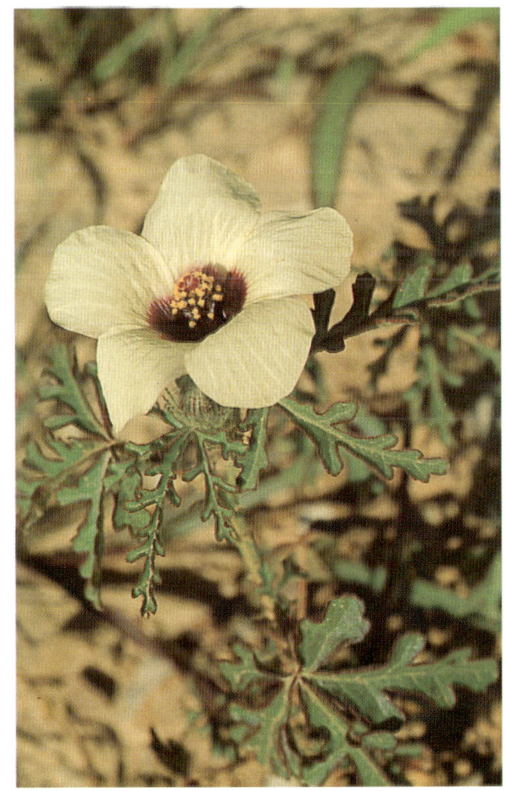

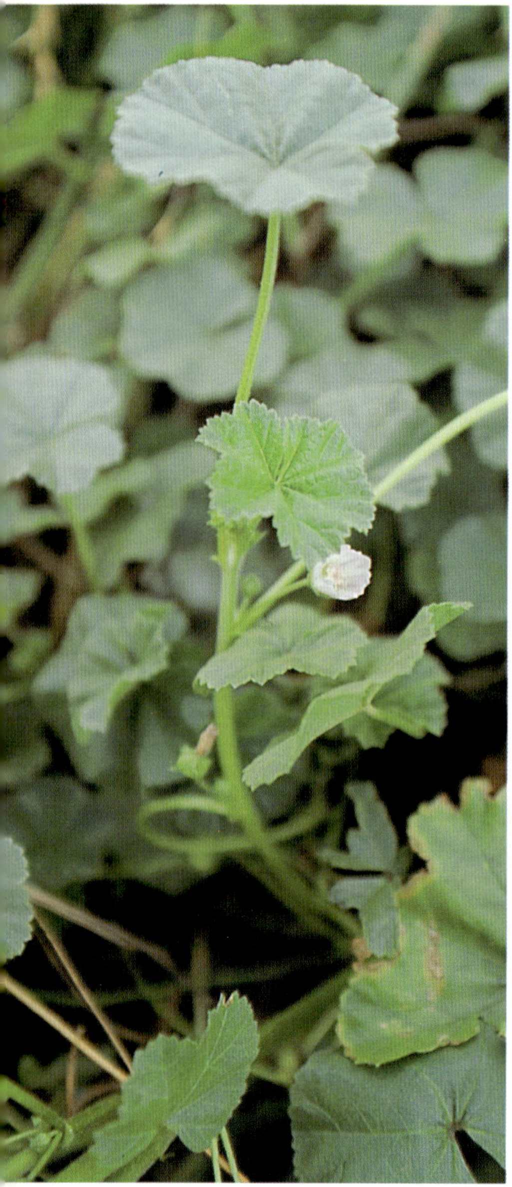

난쟁이아욱 (아욱과)

Malva neglecta WALLR.

유럽과 서아시아 원산으로 1992년에 알려진 식물이다. 지리적으로 북아메리카, 아시아 등지에 귀화되었고 국내에는 경북, 전북, 제주도, 울릉도 등지에 자라고 있다.

두해살이풀이다. 줄기는 땅위를 비스듬히 기며 끝이 곧추서고 50센티미터의 길이에 털이 조금 있다. 잎자루는 가늘며 길이가 3 내지 8센티미터이고 잎새는 원형 또는 콩팥꼴이며 얕게 5 내지 7열이 된다. 턱잎은 건성(乾性)이며 가장자리에 털이 있다.

꽃은 6월에서 9월에 잎겨드랑이에 3 내지 6개가 뭉쳐서 피며 지름은 1.5센티미터이고 꽃받침 모양의 소포엽(小苞葉)은 3개로 선형

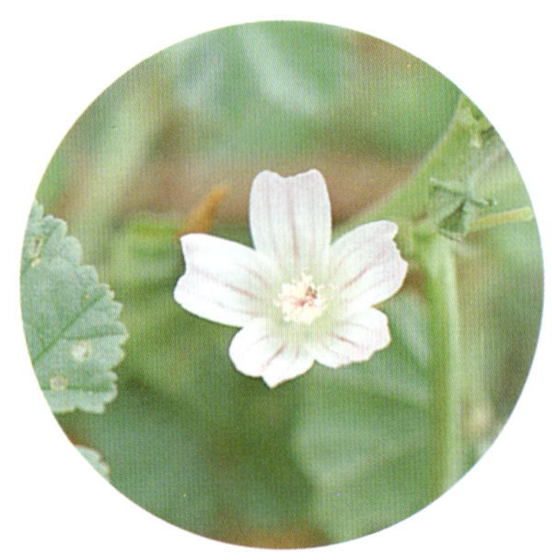

이다. 꽃받침은 중간까지 갈라지며 열편은 5개이고 표면에 별 모양의 털이 빽빽히 난다. 꽃잎은 꽃받침 길이의 2배이고 백색 또는 담홍색이며 꽃자루는 길이가 4 내지 10밀리미터로 열매일 때는 길어진다. 열매는 편평하고 지름이 5 내지 6밀리미터이며 12 내지 15개의 분과로 되었다.

나도공단풀_(아욱과)

Sida rhombifolia L.

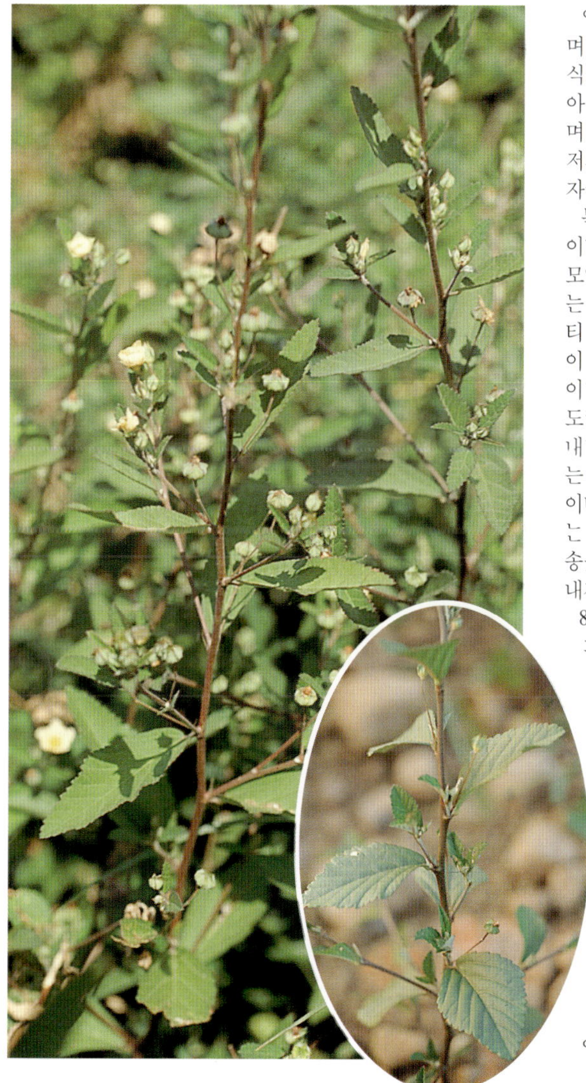

열대 지방이 원산지이
며 1970년대에 들어온
식물이다. 일본과 동남
아시아 등지에 분포하
며 국내에는 제주도의
저지대 길가, 밭, 밭둑에
자라고 있다.

목질성 여러해살이풀
이다. 식물체 전체에 별
모양의 털이 있다. 줄기
는 높이가 30 내지 70센
티미터이고 가지를 많
이 친다. 잎은 어긋나기
이며 잎새는 마름모꼴
도란형이다. 길이는 2.5
내지 3.5센티미터, 너비
는 0.8 내지 1.2센티미터
이며 끝이 둔하고, 기부
는 쐐기꼴이디. 턱잎은
송곳 모양이며 길이는 2
내지 4밀리미터이다.

8월에서 10월에 꽃이
피는데 잎겨드랑이에
한 개씩 달리고 꽃
자루는 길이가 1
내지 1.5센티미터
이며 위쪽에 관
절이 있다. 꽃은
노랑색으로 지
름은 1.5센티미
터이다. 꽃받침
은 종 모양이며
별 모양의 털로
덮여 있다. 열매
는 8 내지 14개의
분과가 모여 공 모
양을 이룬다.

공단풀(아욱과)
Sida spinosa L.

　열대아메리카 원산이며 1970년대에 들어온 식물로 북아메리카와 유럽, 일본 등지에 귀화되었고 국내에는 한반도와 제주도에 자란다. 구로 공단 주변에서 처음 발견이 되어 공단풀이란 이름이 붙여졌다.

　한해살이풀이다. 줄기의 높이는 30 내지 60센티미터이다. 기부는 목질화되고 가지를 친다. 잎은 어긋나기이며 잎자루는 길이가 1 내지 3센티미터로 기부에 끝이 뭉툭한 작은 가시 모양의 돌기가 있다. 잎새는 긴 타원형이며 길이는 2.5 내지 6센티미터이고 너비는 1 내지 3센티미터이며 잎 가장자리에 톱니가 있다. 턱잎은 송곳 모양으로 2 내지 5밀리미터의 길이이다.

　8월에서 9월에 꽃이 피며 꽃은 1 내지 3개씩 잎겨드랑이에 뭉쳐 난다. 꽃은 노란색이며 지름이 1.2센티미터이고 꽃자루는 잎자루보다 짧고 길이는 2 내지 6밀리미터이다. 꽃받침은 종 모양이고 꽃잎은 도란형으로 5개가 나고 끝이 둥글다. 열매는 5개의 분과로 된다.

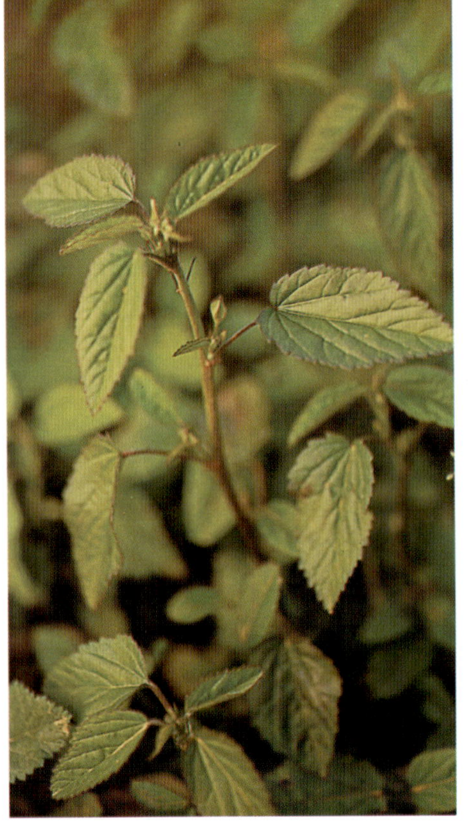

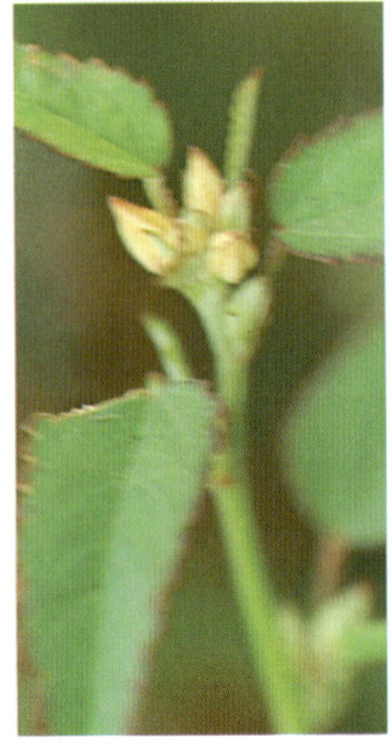

가시박_(박과)

Sicyos angulatus L.

북아메리카 원산이며 1990년대에 알려진 식물이다. 지리적으로 유럽, 호주, 일본 등지에 귀화되었으며 국내에는 철원, 서울, 남한산성, 화성, 전주 등지에 자라고 있다.

한해살이풀로 덩굴성 식물이다. 줄기는 길이가 4 내지 8미터이고 각이 졌으며 연한 털이 빽빽히 난다. 덩굴손으로 다른 식물을 감으며 자란다. 잎은 어긋나기이며 3 내지 12센티미터 길이의 잎자루가 있고 잎새는 거의 원형으로 지름은 8 내지 12센티미터이다. 뒷면 잎맥에 성긴 털이 나며 얕게 5 내지 7열이 된다.

6월에서 9월에 꽃이 피며 암수한그루이고 수꽃은 총상, 암꽃은 두상 꽃차례이다. 수꽃은 지름이 1센티미터이고 황백색이며 꽃밥은 융합되어 한 덩어리가 되었으며 꽃자루에 샘털이 있다. 암꽃은 지름이 6밀리미터이고 담녹색이며 1개의 암술이 있다. 열매는 3 내지 10개가 뭉쳐 나며 가느다란 가시로 덮여 있다.

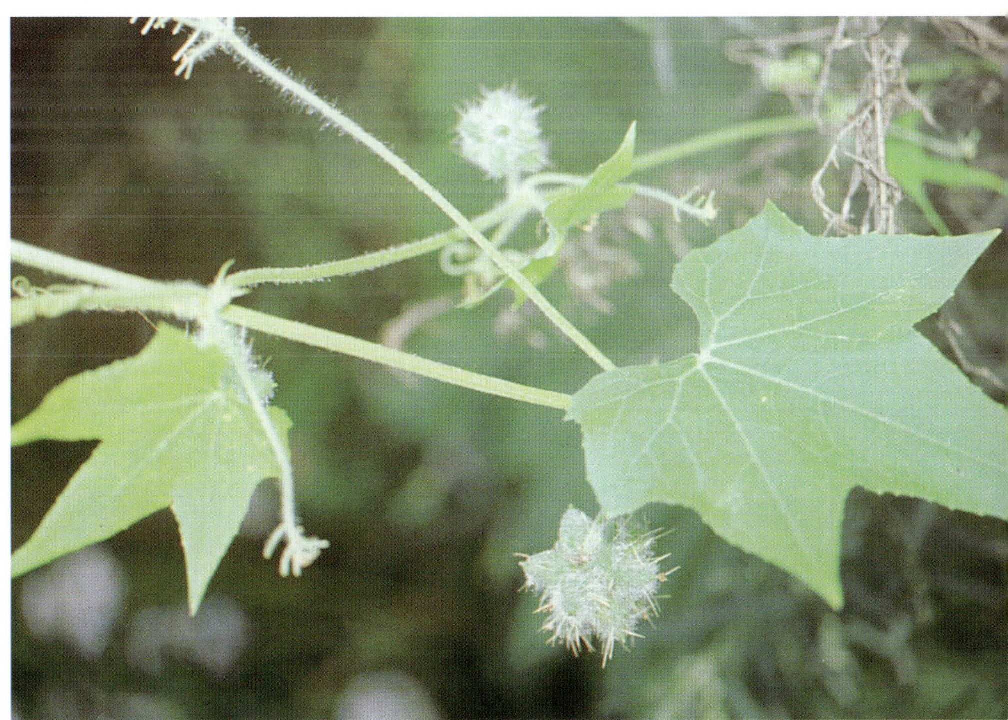

겹달맞이꽃(바늘꽃과)
Oenothera biennis L.

북아메리카 원산으로 1910년 대에 들어온 식물이다. 유럽과 아시아에 귀화되었으며 국내에는 전국 각지에 자라고 있다. 특히 한반도의 철도 연변, 제방, 빈터 등지에 자라고 있는 것은 대부분 이 식물이다. 씨에서 얻은 기름이 식용되며 민간에서 해열제로 약용되기도 한다.

두해살이풀이다. 줄기는 곧추 서며 높이가 30 내지 120센티미터로 위쪽에서 가지를 친다. 뿌리에서 생긴 잎은 긴 타원형으로 잎자루가 있고 길이는 10 내지 20센티미터이고 너비가 2 내지 6센티미터이며 가장자리에 파도 모양의 톱니가 있다. 줄기의 잎에는 잎자루가 없고 긴 타원형이다. 길이 5 내지 6센티미터, 너비 2센티미터로 끝이 뾰족하고 기부는 쐐기꼴이다.

6월에서 9월 저녁에 꽃이 피며 황색이고 지름은 3 내지 5센티미터이다. 열매는 긴 타원형으로 끝이 좁고 털이 있으며 길이는 2 내지 2.8센티미터이다.

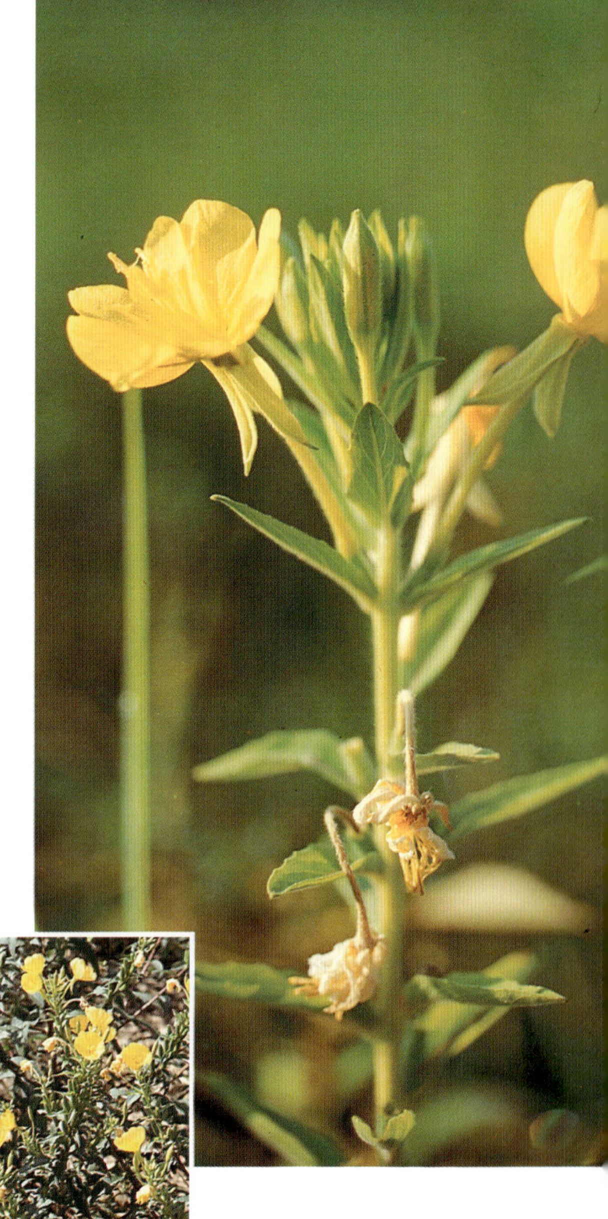

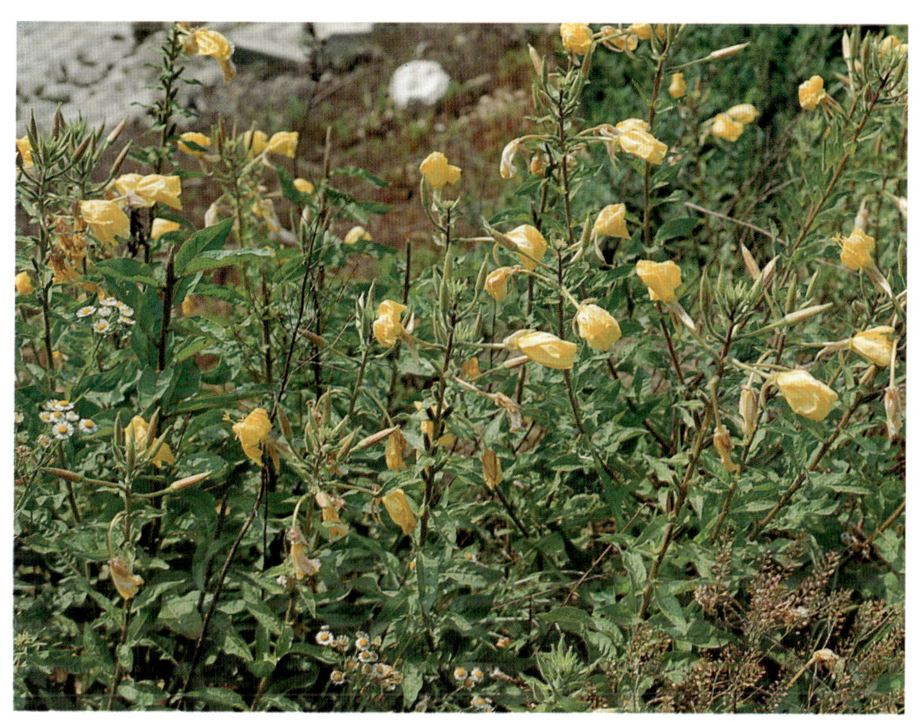

왕달맞이꽃(바늘꽃과)
Oenothera erythrosepala
BORBAS

원산지는 북아메리카이다. 1930년대에 관상용으로 재배되던 것이 야생화되었다. 주로 유럽과 아시아에 분포하며 국내에는 강원도 동해안, 경기도 서해안과 제주도에 자라고 있다.
두해살이풀이다. 줄기의 높이는 30 내지 150센티미터로 곧게 자라고 장대하며 줄기와 열매에 기부가 붉게 부푼 털이 있다. 뿌리에서 생긴 잎은 도피침형으로 길이는 10 내지 15센티미터이고 너비는 3 내지 4센티미터이며 끝이 둔하고 기부는 쐐기꼴이다. 줄기의 잎은 피침형으로 가장자리에 주름이 진다.
꽃은 6월에서 9월 저녁에 피고 낮에는 시든다. 가지 끝에 총상 꽃차례를 이루며 꽃은 황색이고 지름은 5 내지 7센티미터로 암술머리가 수술보다 길게 초출(超出)된다. 열매는 긴 타원형으로 끝이 좁고 털이 있다.

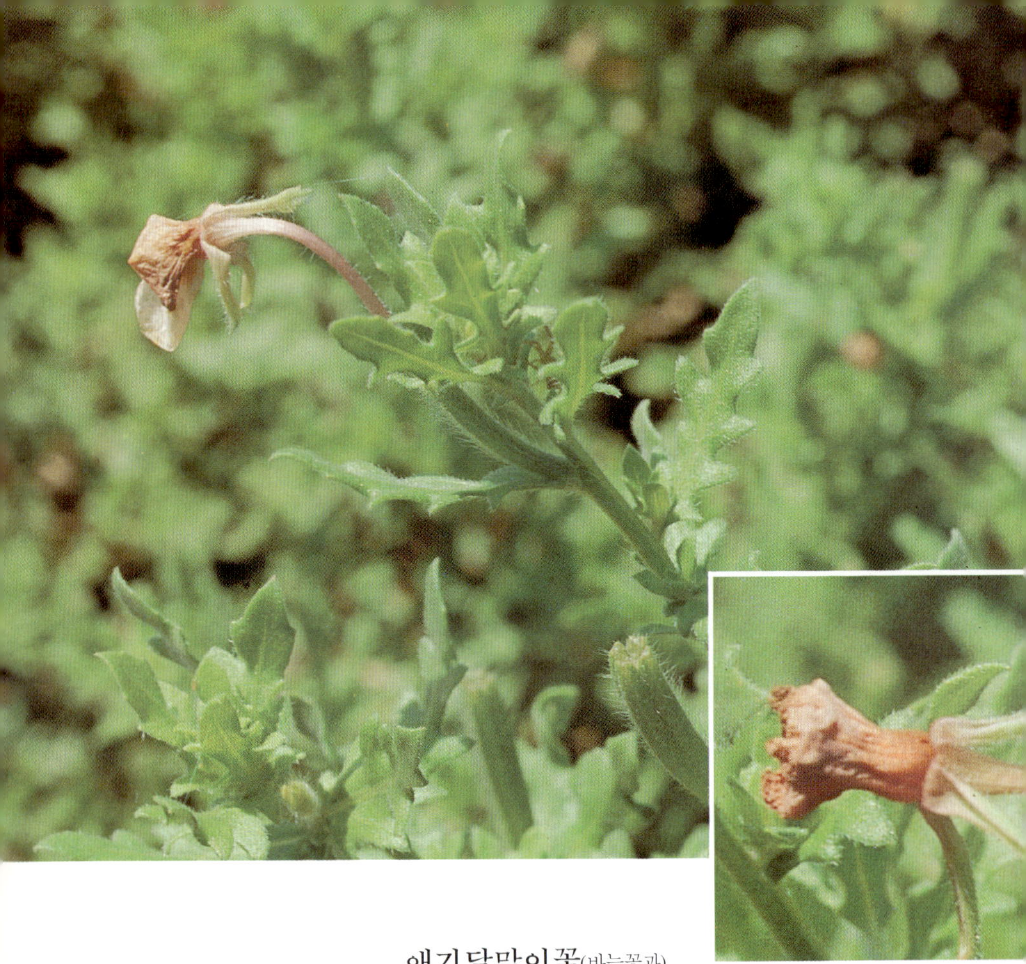

애기달맞이꽃 (바늘꽃과)
Oenothera laciniata HILL

북아메리카 원산이며 1980년에 알려진 식물이다. 지리적으로 일본에도 귀화되었고 국내에 서는 제주도 저지대 바닷가 근처 모래땅에 자라고 있다. 때로는 밭, 밭둑, 집안의 정원이나 길 가에 침입하여 잡초로 자리를 차지하고 있다.

두해살이풀이며 줄기는 기부에서 가지를 치고 땅 위에 깔려 지면을 덮는다. 잎자루는 없거 나 뿌리에서 생긴 잎에만 짧게 있고 잎새는 넓은 타원형의 피침형으로 길이는 2 내지 4센티미 터, 너비는 0.6 내지 1.2센티미터이다. 가장자리에 파도 모양의 거친 톱니가 있다.

6월에서 8월 저녁에 꽃이 피는데 꽃은 지름이 3 내지 5센티미터이며 담황색이고 시들면 황 적색이 된다. 꽃받침의 통부(筒部) 길이는 2센티미터이고 열편은 4개로 꽃이 필 때 뒤로 뒤집 힌다. 열매는 위쪽이 굵으며 길이는 1.8 내지 2.5센티미터이고 털이 있다.

달맞이꽃(바늘꽃과)

Oenothera stricta LEDEB.

남아메리카가 원산이며 1910년대에 들어온 식물로 지리적으로 북아메리카와 일본, 중국에 분포하고 국내에는 제주도에서 자라고 있다. 한반도에는 주로 겹달맞이꽃이 분포하며 그냥 달맞이꽃으로 불리고 있으나 이는 잘못이다.

여러해살이풀이다. 줄기의 높이는 30 내지 90센티미터로 곧게 자라며 퍼진 털로 덮여 있다. 잎은 모두 진한 녹색이며 중앙 맥이 백색으로 눈에 띈다. 뿌리에서 생긴 잎은 선상 피침형으로 길이는 7 내지 13센티미터이고 너비는 6 내지 10밀리미터이며 가장자리에 파도 무양의 톱니가 있다. 줄기의 잎은 피침형으로 기부가 줄기를 반쯤 둘러싼다.

꽃은 5월에서 8월에 피며 저녁에 피고 낮에 시든다. 노랑색이고 지름은 5 내지 6센티미터로 총상 꽃차례를 이루며 시들면 황적색이 된다. 열매가 곤봉형으로 길이는 2 내지 3센티미터이고 털이 있으며 위쪽이 굵다.

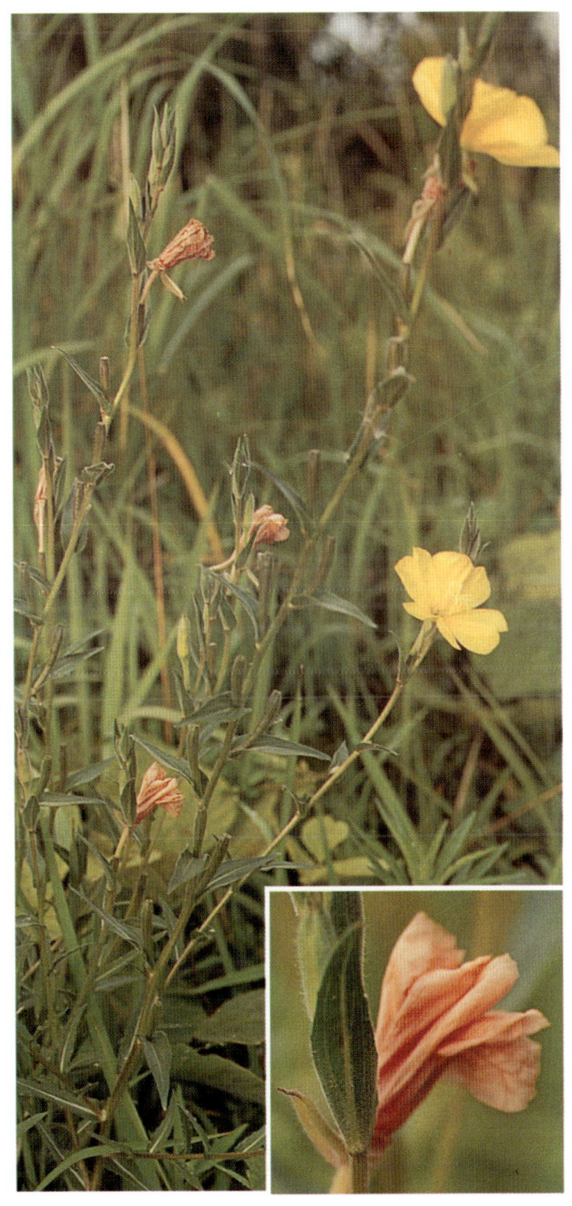

솔잎미나리 (미나리과)

Apium leptophyllum F. MUEL

열대아메리카 원산이며 우리나라에는 1979년에 알려진 식물이다. 일본에도 귀화되었고 국내에는 제주도 해변의 모래땅이나 밭, 길가, 빈터 등지에 자라고 있다.

한해살이풀로 식물 전체에 털이 없다. 줄기는 곧추서며 높이는 15 내지 70센티미터이고 가지를 많이 친다. 잎은 어긋나기이고 아래쪽의 잎은 2 내지 4회 깃꼴 분열을 하며 열편은 선상 피침형으로 폭이 0.5 내지 1밀리미터이다. 위쪽 잎의 열편은 실 모양으로 지름은 0.2밀리미터이다.

7월에서 8월에 가지 끝이나 잎겨드랑이에서 백색의 꽃이 피어 우산 모양의 꽃차례를 이룬다. 꽃차례는 지름이 1센티미터 정도로 8 내지 12개의 꽃이 달린다. 꽃잎은 5개로 타원형이며 수술은 5개이다. 열매는 납작한 공 모양 또는 타원형으로 길이는 1.5 내지 2밀리미터이며 지름은 0.2밀리미터이다.

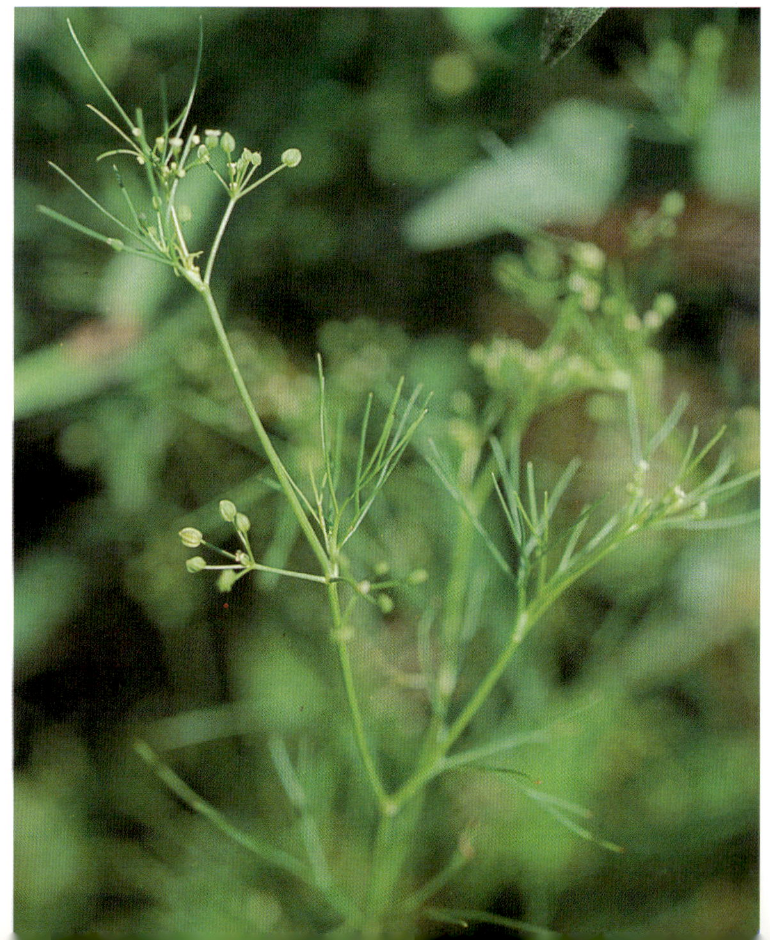

백령풀 (꼭두서니과)
Diodia teres WALT.

북아메리카 원산이며 1970년
대에 알려진 식물이다. 지리적으
로 일본에 귀화되었고 국내에서
는 중부 지방의 백령도에서 처음
발견되어 백령풀이란 이름이 생
겨났으나 경기도 공릉의 장곡리,
강원도 오산리 해수욕장 근처에
서도 자라고 있다.

한해살이풀이다. 줄기는 기부
에서 가지를 치고 높이는 10 내
지 30센티미터이다. 잎은 마주나
기이며 잎자루가 없고 잎새는 선
상 피침형으로 길이는 2 내지 3
센티미터이고 너비는 3 내지 5밀
리미터이다. 가장자리에 톱니가
없으며 건조하면 가장자리가 뒤
로 말린다.

7월에서 9월에 잎겨드랑이에
서 엷은 자주색 꽃이 한 개씩 피
며 꽃은 4 내지 6밀리미터 길이
로 꽃자루는 없고 수술은 4개, 암
술은 1개이다. 암술머리는 둥글
며 아래에 씨방이 있다. 열매는
도란형으로 2실이며 표면에 빳
빳한 털이 있다.

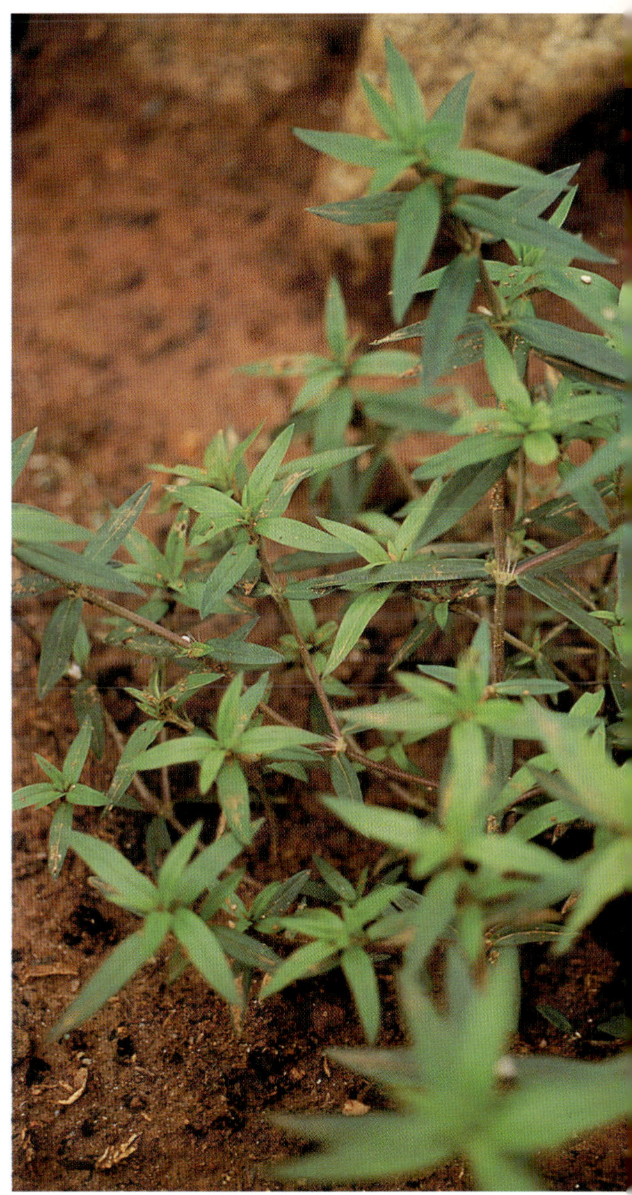

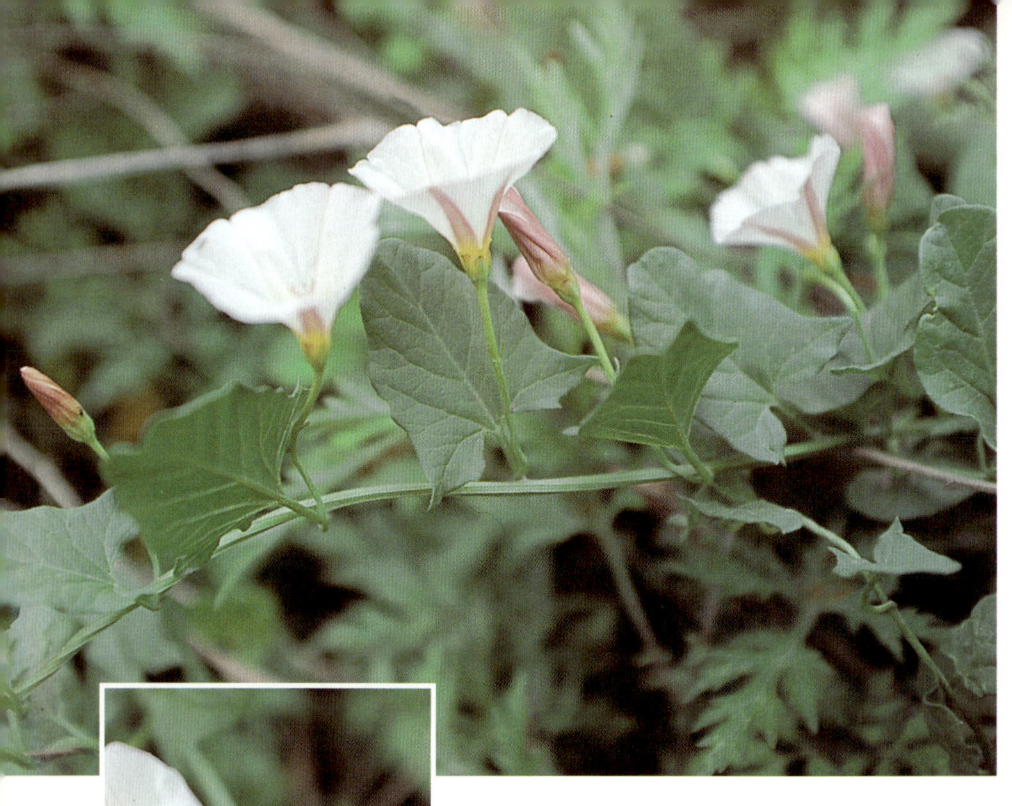

서양메꽃(메꽃과)
Convolvulus arvensis L.

　유럽 원산이며 주로 북아메리카와 아시아에 분포한
다. 국내에서는 중부와 남부 서해안 도시 근처의 철도
연변과 길가, 빈터, 밭, 서울의 난지도 등지에서 자라
고 있다.
　여러해살이풀로 덩굴성이며 줄기는 지면을 포복하
고 길이는 1 내지 2미터로 외줄기이거나 간혹 가지를
친다. 잎은 어긋나기이며 잎자루는 가늘고 잎새보다 짧다. 잎새는 알꼴로 길이 2 내지 7센티미
터, 너비 1 내지 5센티미터로 가장자리에 톱니가 없고 기부가 전저이다.
　7월에서 8월에 꽃이 피며 잎겨드랑이에서 4 내지 9센티미터 길이의 꽃자루가 생기며 꽃자루
중간 위쪽에 2개의 작은 포엽이 있다. 끝에 1 내지 4개의 꽃(보통은 2개)이 핀다. 꽃은 담홍색 또
는 백색이고 지름은 3센티미터이다. 꽃받침은 5개로 길이는 4 내지 5밀리미터이며 꽃잎은 깔
때기 모양이고 암술머리는 2개로 깊이 갈라지며 선형이다.

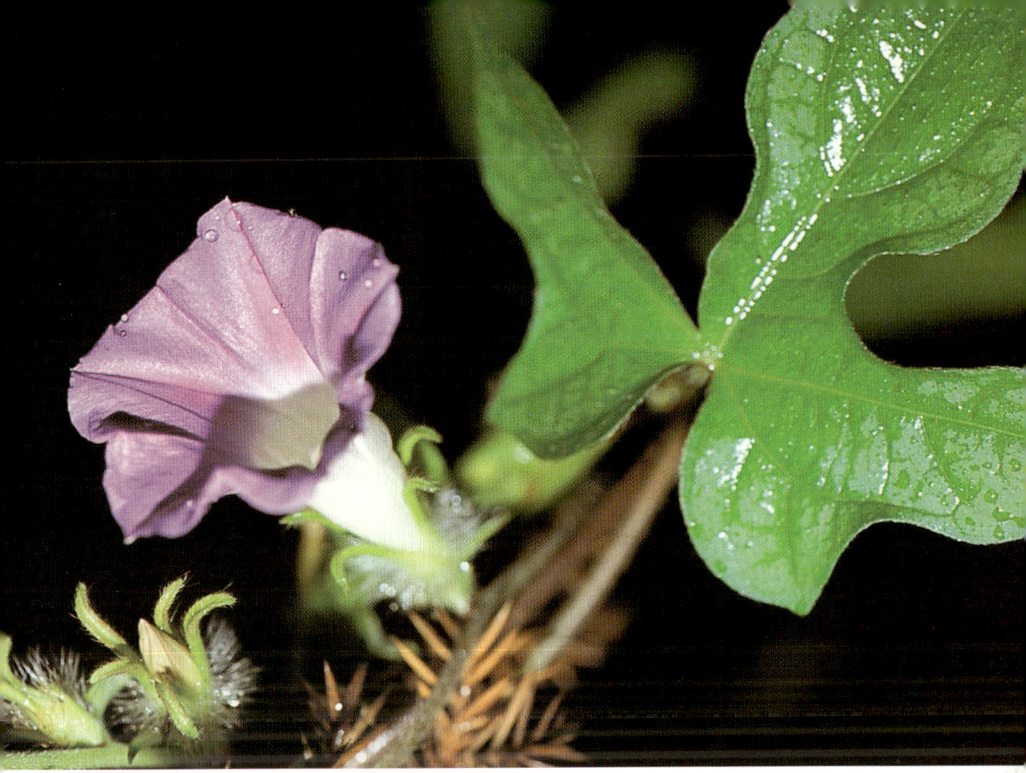

미국나팔꽃_(메꽃과)

Ipomoea hederacea Jacq.

열대아메리카 원산이며 1980년 장항에서 처음 발견되어 보고되었다. 지리적으로 북아메리카, 유럽, 아시아 등지에 귀화되었다. 국내에는 중부와 남부 지방의 빈터, 길가, 인가 근처에 널리 분포하고 있다.

한해살이풀이다. 줄기는 덩굴성이며 길이는 100 내지 150센티미터이고 밑을 향해 털이 난다. 잎은 어긋나기이며 6 내지 9센티미터 길이의 잎자루가 있고, 잎새는 윤곽이 원형이며 길이는 5 내지 8센티미터이고 너비는 4.5 내지 8센티미터이며 5개의 열편으로 깊이 갈라진다.

꽃은 6월에서 10월에 피고 꽃자루는 잎겨드랑이에서 한 개씩 생기며 길이는 2 내지 2.5센티미터이고 끝에 1 내지 3개의 꽃이 달린다. 꽃의 지름은 2 내지 3센티미터이며 이른 아침에 피고 곧 오므라든다. 꽃받침은 5개이고 겉에 거친 털이 많고 끝이 뒤로 굽는다. 꽃잎은 깔때기 모양이며 담청색이고 지름은 2 내지 3센티미터이다. 열매는 납작한 공 모양이며 3개로 갈라진다. 이 식물의 변종인 둥근잎미국나팔꽃(var. *integriuscula* A. Gray)도 함께 자라고 있는데 잎새가 갈라지지 않고 둥근 것이 특징이다.

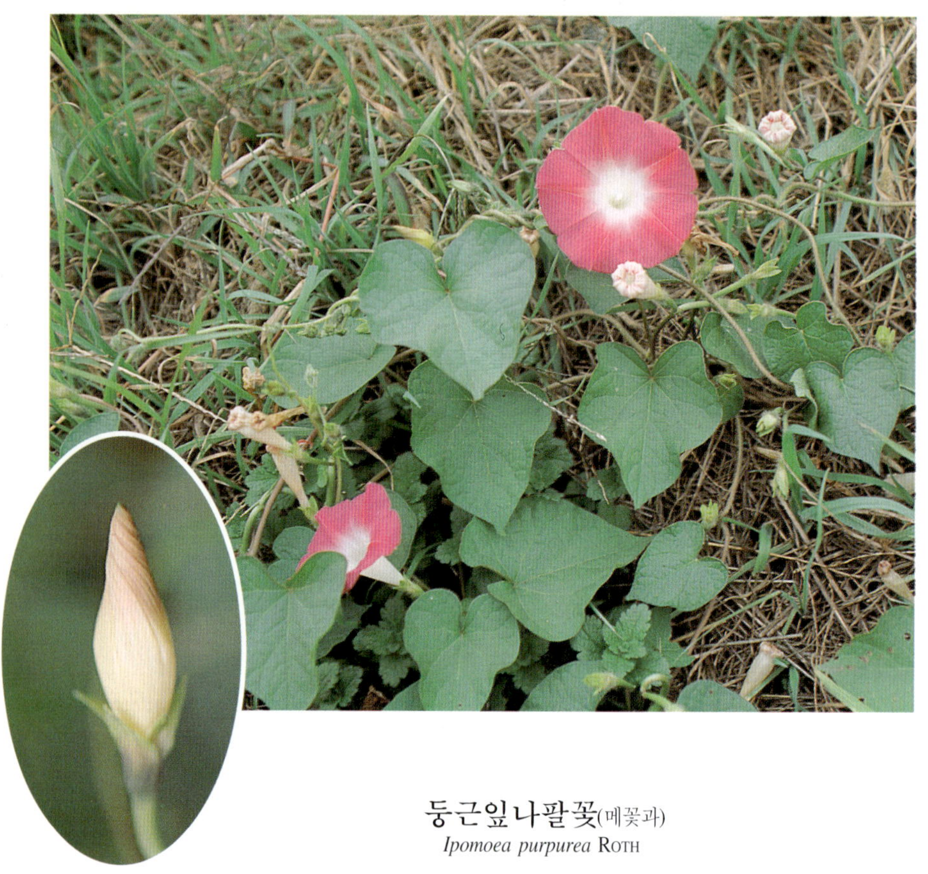

둥근잎나팔꽃(메꽃과)
Ipomoea purpurea ROTH

열대아메리카 원산이며 1920년대에 원예용으로 재배되던 것이 최근에 야생화되었다. 지리적으로 북아메리카와 유럽, 일본 등지에 분포하며 국내에는 전국 각지 인가 근처나 빈터에 자라고 있다. 한해살이풀이다. 줄기는 덩굴성이며 길이는 120 내지 300센티미터이고 아래를 향한 털이 성기게 난다. 잎은 어긋나기이며 잎자루는 가늘고 길이는 8 내지 12센티미터이다. 잎새는 원형으로 길이는 7 내지 8센티미터, 너비는 6 내지 7센티미터이며 기부는 염통꼴이고 끝이 급하게 뾰족해진다.

꽃은 7월에서 10월에 피며 꽃자루는 잎겨드랑이에서 1개씩 나오는데 길이는 10 내지 13센티미터이며 끝에 4 내지 8개의 꽃이 달린다. 작은 꽃자루는 길이가 2 내지 3센티미터이고 기부에 2개의 포엽이 달린다. 꽃은 지름이 5 내지 8센티미터이고 적색, 자색, 청색, 백색이 있으며 꽃받침은 피침형이고 기부 근처에 거친 털이 있다. 꽃잎은 깔때기 모양이며 지름은 5 내지 8센티미터이다. 꽃이 지면 꽃자루 끝이 급히 아래를 향해 굽는다. 열매는 아래를 향해 익으며 지름은 1센티미터이다.

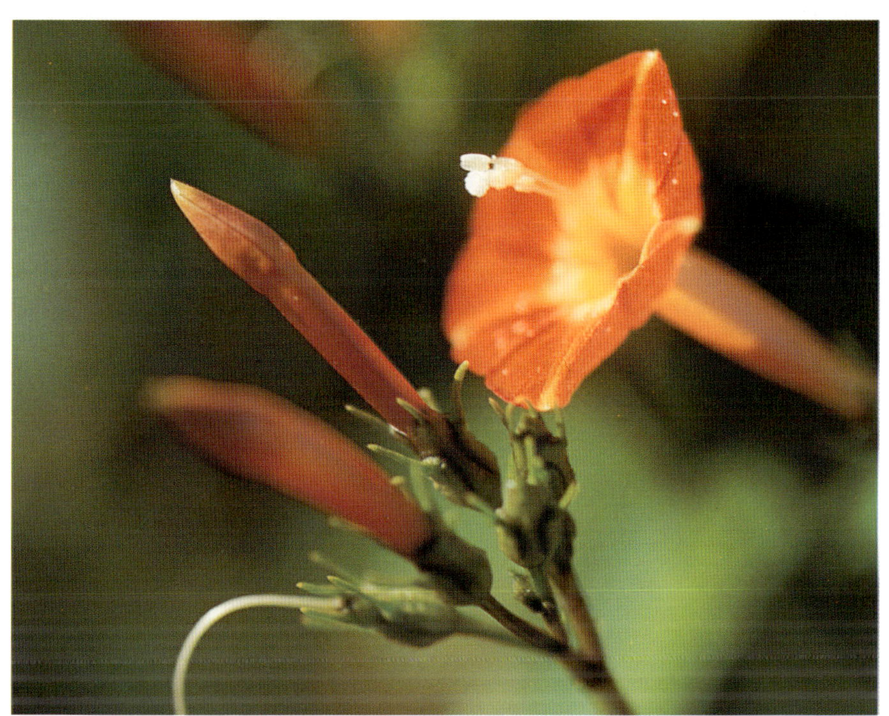

둥근잎유홍초(메꽃과)
Quamoclit coccinea MOENCH

열대아메리카 원산이며, 1920년대에 원예용으로 수입, 재배되던 것이 최근 야생화되었다. 지리적으로 북아메리카와 중국, 일본 등지에 분포하며 국내에는 전국 각지의 빈터나 인가 근처에 귀화되었다. 지금도 일부 관상용으로 재배하기도 한다.

한해살이풀이다. 줄기는 덩굴성이며 길이는 300센티미터이다. 잎자루는 가늘고 길이는 3 내지 6센티미터이다. 잎새는 알꼴이며 길이는 5 내지 6센티미터이고 너비는 4 내지 4.5센티미터이다. 기부는 염통꼴이며 끝은 뾰족하고 가장자리에는 톱니가 없거나 아래쪽에 각을 이룬 열편이 있기도 하다.

꽃은 7월에서 10월에 피며 잎겨드랑이에서 잎보다 짧은 꽃자루가 생기며 끝에 3 내지 6개의 꽃이 뭉쳐난다. 꽃은 주황색으로 지름이 1.5 내지 2센티미터이고 중심부는 황색이다. 꽃받침은 긴 타원형으로 6 내지 8밀리미터 길이에 끝에 송곳 모양의 부속체가 있다. 꽃잎은 깔때기 모양으로 통부 길이는 2.5 내지 3센티미터이다. 수술과 암술은 꽃잎 밖으로 초출된다. 열매는 공 모양으로 지름이 8밀리미터이다.

털독말풀(가지과)
Datura meteloides
DUNAL

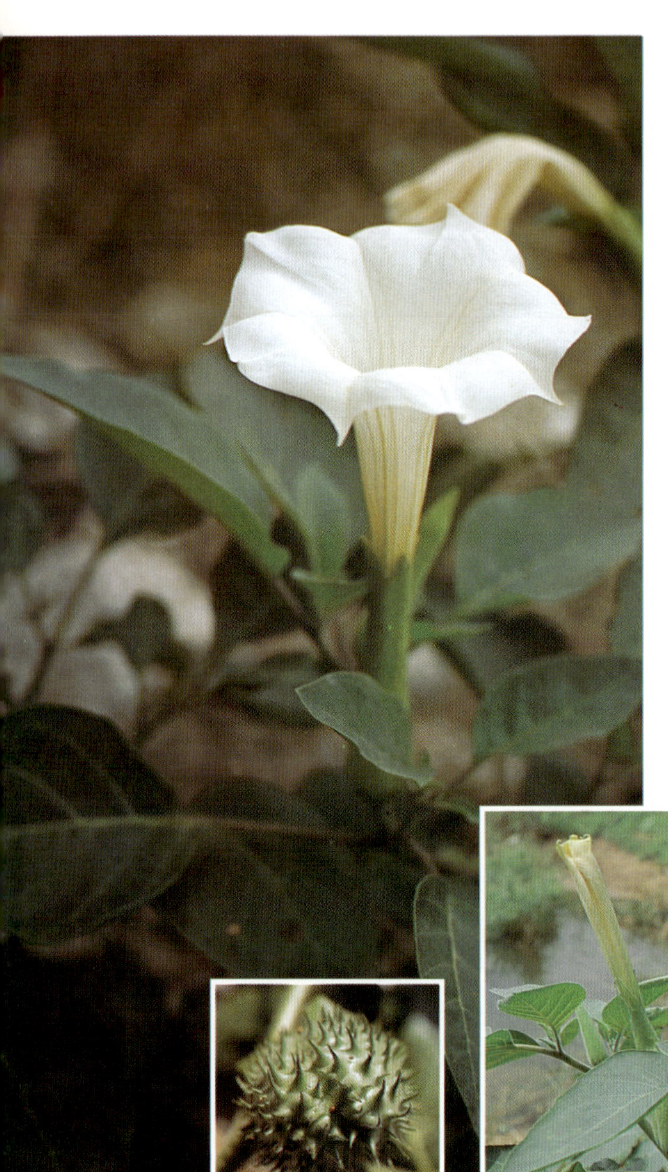

북아메리카가 원산이며
1995년에 알려진 식물이다.
지리적으로 일본에 분포하
며 국내에서는 서울 난지도
에서 처음 발견되었고 충주
등 중부 지방에 자란다.
　여러해살이풀이다. 줄기
의 높이는 100센티미터이고
가지를 많이 치며 미세한 털
이 빽빽하고 장대하게 난다.
잎은 어긋나기이고 잎자루
는 길이가 2 내지 8센티미터
이다. 잎새는 넓은 알꼴이며
길이는 8 내지 18센티미터
이고 너비는 5 내지 10센티
미터이며 가장자리에 톱니
가 없다.
　꽃은 8월에서 10월에 피며
잎겨드랑이에서 1개씩 꽃이
달린다. 꽃받침은 통형(筒
形)이며 길이는 8 내지 10센
티미터이고 10맥
이 있는데 끝이 5갈
래로 갈라진다. 꽃
잎은 깔때기꼴이
고 길이 20센티미
터, 지름 10센티미
터로 백색이다. 열
매는 공 모양으로
지름이 3 내지 4센
티미터이며 열매
자루가 굽어서 아
래를 향해 거꾸로
달린다. 또 같은 크
기의 가시가 빽빽
히 난다.

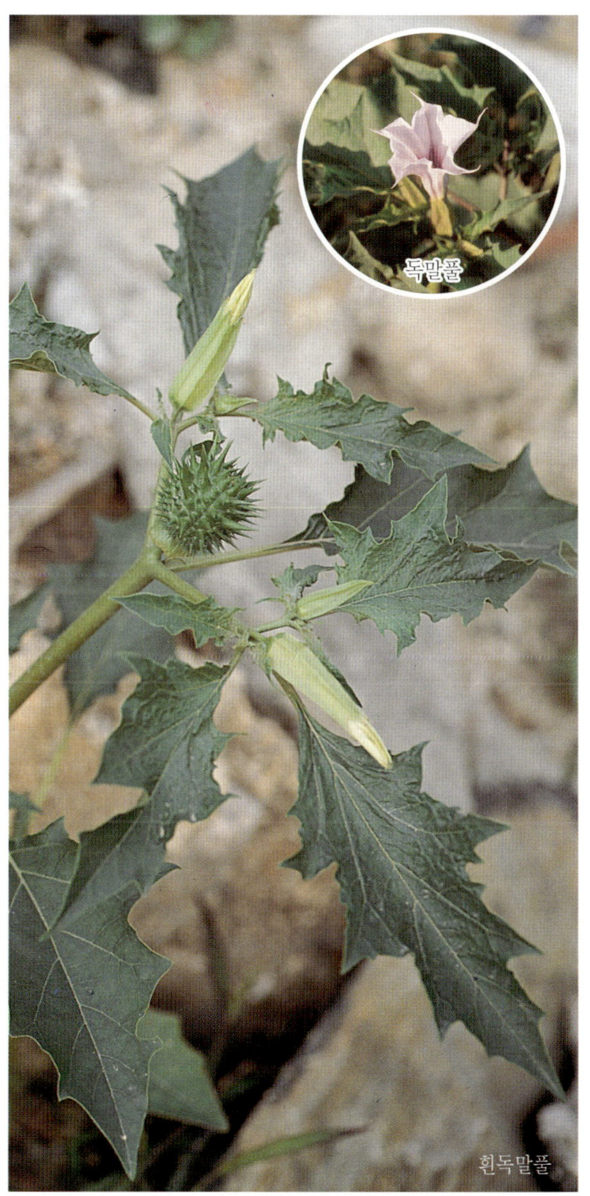

흰독말풀(가지과)
Datura stramonium L.

  열대아시아 원산이며 우리나라에는 개항 이후 들어왔다. 지리적으로 유럽과 아프리카, 아시아, 북아메리카 등지에 분포한다. 국내에는 서울의 난지도에서 볼 수 있고 기록에는 서울과 함경도에 자라는 것으로 알려졌다.

  한해살이풀이다. 줄기는 담녹색으로 높이는 100센티미터이고 털이 없고 장대하다. 잎자루는 담녹색으로 길이는 2 내지 10센티미터이며 잎새는 알꼴로 길이 8 내지 18센티미터, 너비 6 내지 13센티미터이며 잎 가상자리에 후미지게 깊이 패어 들어간 결각상 톱니가 있다.

  꽃은 6월에서 9월에 피며 잎겨드랑이에서 한 개씩 달리고, 꽃받침은 각을 이룬 기둥꼴이며 길이는 3센티미터인데 끝이 5열이다. 꽃잎은 깔때기 모양이고 백색이며 지름은 4센티미터이다. 열매는 달걀 모양이며 길이는 5센티미터이고 가시가 많은데 아래쪽 가시가 위쪽 가시보다 약간 짧거나 거의 같다. 이 식물의 변종으로 줄기나 잎자루 그리고 꽃잎 안쪽에 암자색을 띠는 독말풀(var. *chalybea* KOCH)이 있는데 전국 각지에 흔히 있고 열대아메리카 원산이다.

땅꽈리 (가지과)

Physalis angulata L.

열대아메리카 원산이며 우리나라 개항 이후 들어온 식물이다. 지리적으로 북아메리카와 일본, 중국, 인도 등지에 귀화되었고 국내에는 제주도와 남부 지방 인가 근처나 밭에 잡초로 자리 잡고 있다. 광복을 전후하여 중부 지방에도 밭 잡초로 많이 있었으나 제초제 사용 이후 거의 찾아볼 수 없게 되었다.

한해살이풀이다. 줄기는 높이가 15 내지 30센티미터이고 많은 가지를 친다. 잎은 어긋나기이고 잎자루 길이는 1 내지 2.5센티미터이다. 잎새는 알꼴로 길이는 2 내지 6센티미터이고 너비는 1.2 내지 4센티미터이며 가장자리에 끝이 뾰족하며 깊은 파도 모양의 톱니가 있다.

꽃은 6월에서 9월에 피며 한 개씩 잎겨드랑이에 달린다. 꽃잎은 담황색이고 기부는 흑자색을 띠며 지름은 8밀리미터 내외이고 안쪽에는 털이 없으나 외면에는 털이 있다. 열매는 공 모양이며 지름은 1센티미터이고 주머니꼴로 부푼 꽃받침에 싸여 있다.

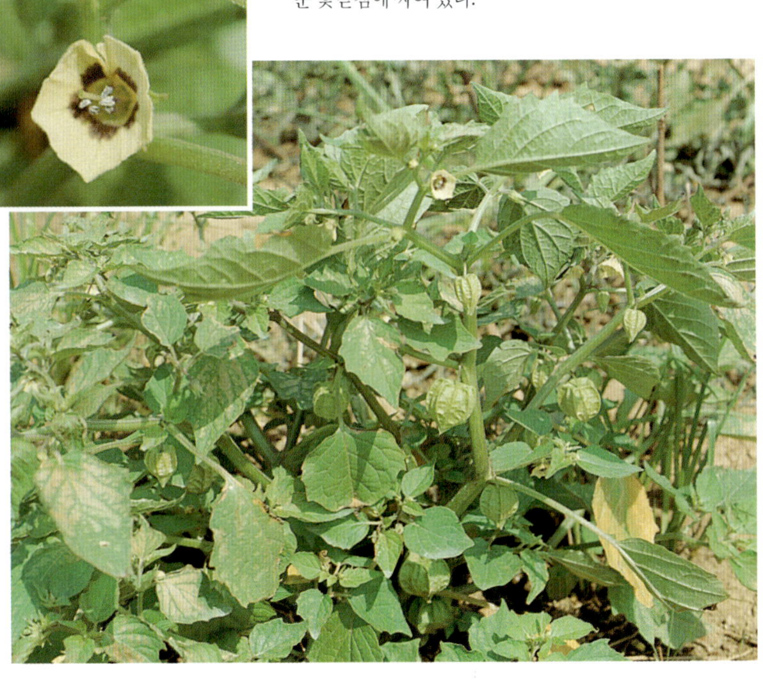

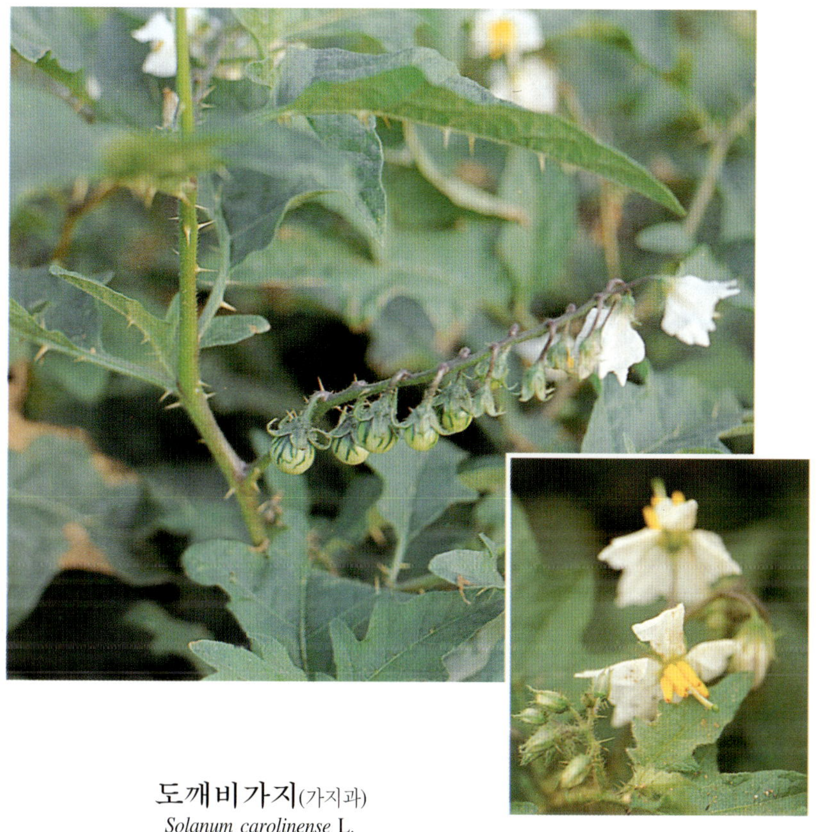

도깨비 가지 (가지과)

Solanum carolinense L.

북아메리카 원산이며 1978년에 알려진 식물이다. 유럽과 일본에 귀화되었고 국내에서는 서울, 인천, 제주도 인가 근처의 빈터나 밭둑에 자라고 있다.

여러해살이풀이다. 4 내지 8갈래의 별 모양 털이 식물 전체에 있다. 줄기의 높이는 40 내지 70센티미터이고 위쪽에서 가지를 친다. 잎은 어긋나기이며 잎자루 길이는 6 내지 12밀리미터이다. 잎새는 긴 타원형이며 길이는 7 내지 14센티미터이고 너비는 3 내지 6.5센티미터이다. 잎 가장자리에 2 내지 3쌍의 큰 톱니가 있으며 잎새 뒷면 주맥과 줄기에 송곳 모양의 튼튼한 노랑색 가시가 있다.

꽃은 5월에서 9월에 피며 3 내지 10개의 꽃이 모여 총상 꽃차례를 만든다. 꽃은 지름이 2.5센티미터이고 백색 또는 담자색이다. 작은 꽃자루는 길이가 6 내지 14밀리미터이고 꽃받침과 꽃잎의 열편은 각각 5개이다. 열매는 공 모양이고 지름은 1.5센티미터이며 주황색으로 익는다.

가는미국외풀(현삼과)
Lindernia anagallidea PENNELL

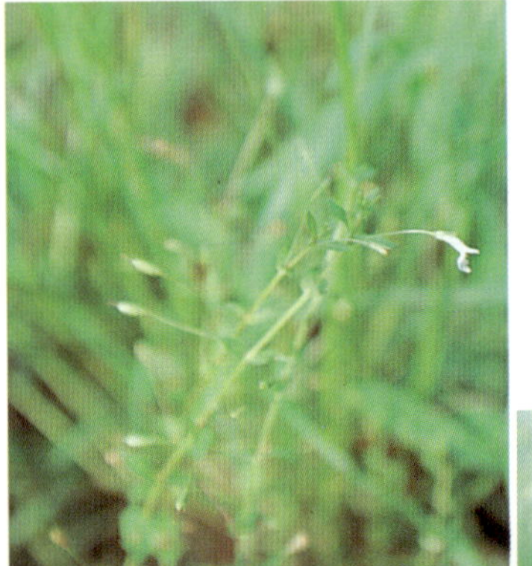

북아메리카 원산이며 1995년에 알려진 식물이다. 일본과 중국에 분포하며 국내에서는 경기도 화성군의 어촌 저수지 근처와 충청북도 충주시 문화동 저수지 아래의 논에 자라고 있다.

한해살이풀이다. 줄기의 높이는 20 내지 30 센티미터이고 가늘며 가지를 친다. 잎은 마주나기이며 알꼴로 3 내지 5맥이 뚜렷하고 길이

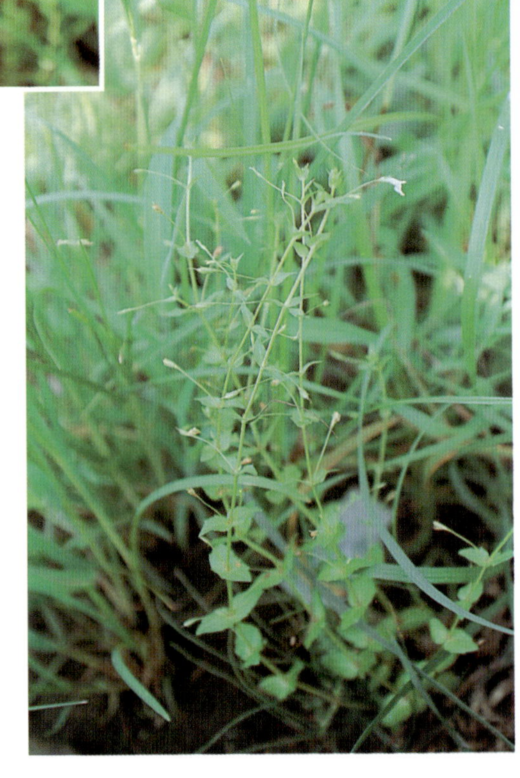

는 0.6 내지 1.8센티미터, 너비는 0.4 내지 1.2센티미터이다. 가장자리에 2 내지 3쌍의 둔한 톱니가 있고 기부는 줄기를 둘러싼다.

꽃은 6월에서 9월에 피며 2 내지 3센티미터 길이의 실모양 꽃자루는 포엽보다 1.5 내지 3배가 길며 끝에 엷은 자주색 꽃이 핀다. 꽃받침 조각은 선형이고 꽃잎 길이의 2분의 1 정도이며 열매보다 짧다. 꽃잎은 3갈래로 갈라진 하순(下脣) 기부에 엷은 자주색 반점이 있다. 열매는 좁고 긴 타원형이며 길이가 4 내지 6밀리미터로 수많은 씨가 들어 있다. 씨는 0.25 내지 0.3밀리미터의 길이이고 폭은 길이의 2분의 1 정도이며 연한 적갈색을 띤다.

미국외풀(현삼과)
Lindernia dubia PENNELL

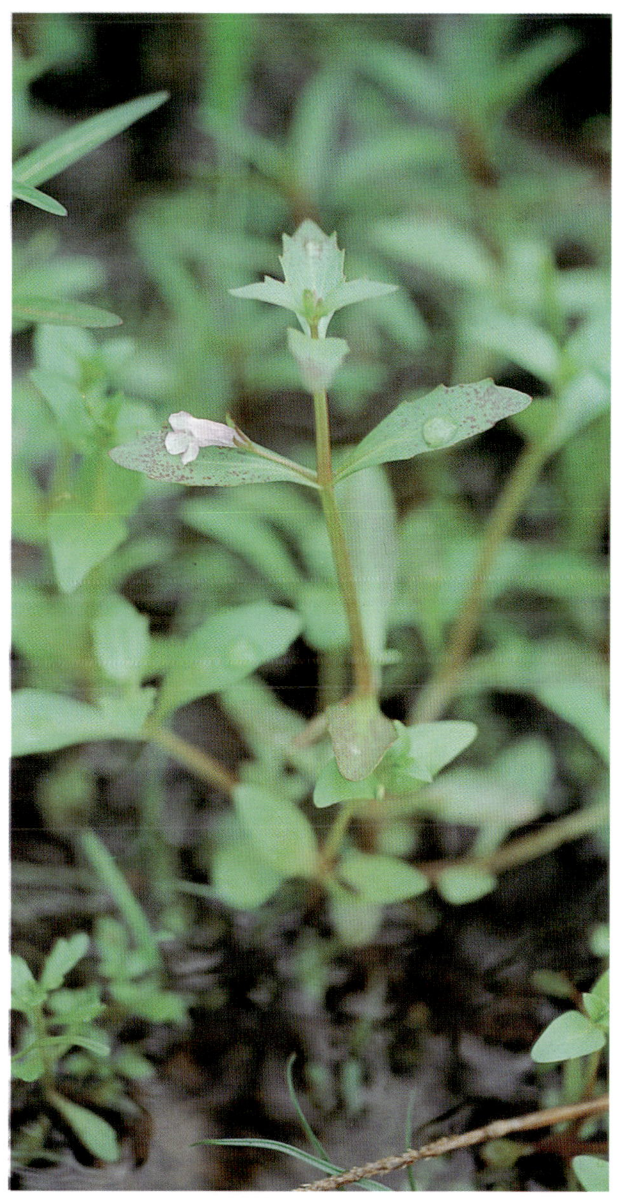

북아메리카가 원산으로 1994년에 우리나라에 알려진 식물이다. 지리적으로 유럽과 일본에 귀화되었고 국내에는 중부와 남부 지방의 습지나 논, 논둑, 밭에 자라고 있어 새로운 잡초로 등장하게 되었다.

한해살이풀이다. 줄기의 높이는 10 내지 30센티미터이고 곧추서며 4각이 지고 가지는 옆으로 펼쳐진다. 잎은 마주나기이며 도란형으로 길이는 1.5 내지 3센티미터이고 너비는 0.7 내지 1.2센티미터이다. 기부는 쐐기꼴이고 2 내지 3쌍의 톱니가 뚜렷하다.

꽃은 7월에서 9일에 피며 잎겨드랑이에서 한 개씩 달린다. 꽃자루는 잎의 길이보다 짧고 꽃받침 조각은 열매의 길이와 거의 같고 꽃잎은 연한 자주색으로 길이가 5 내지 10밀리미터이다. 열매는 좁은 달걀 모양으로 4 내지 5밀리미터의 길이이고 많은 수의 씨가 들어 있다. 씨는 가볍게 굽었으며 길이가 0.4밀리미터로 황갈색이고 양끝이 둥글다.

우단담배풀_(현삼과)

Verbascum thapsus L.

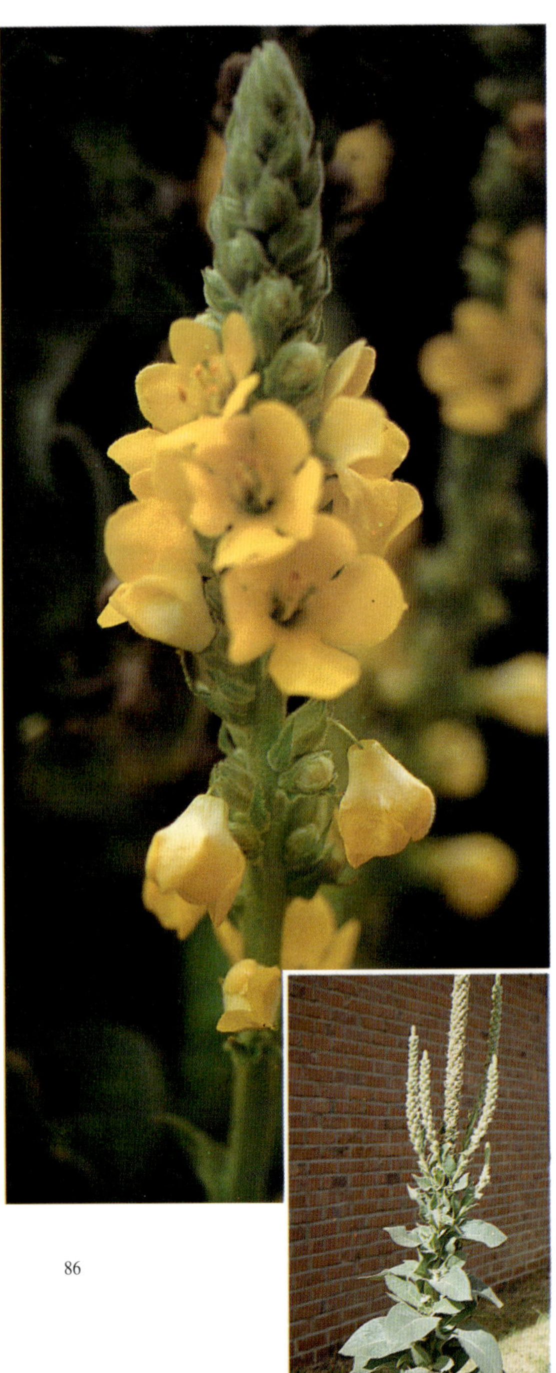

유럽 원산이며 1992년에 알려졌다. 지리적으로 북아메리카와 아시아에 귀화되었고 국내에서는 서울을 포함한 중부 지방에 자라고 있다. 번식력이 좋으며 관상 가치가 있다.

두해살이풀이다. 갈라진 털이 우단처럼 식물 전체에 빽빽히 난다. 줄기의 높이는 100 내지 200센티미터로 장대하다. 잎은 긴 타원형으로 길이는 12 내지 40센티미터이고 너비는 4 내지 12센티미터이며 기부로 흐른 잎 가장자리는 줄기를 타고 날개를 만들어 지느러미처럼 보인다.

꽃은 6월에서 9월에 피며 줄기 끝에 50센티미터 길이에 이르는 수상 꽃차례를 이룬다. 꽃은 황색으로 지름이 2 내지 2.5센티미터이다. 꽃자루는 없고 꽃잎은 안쪽에 털이 없으며 바깥쪽에는 별 모양의 털이 빽빽히 난다. 수술은 5개로 3개는 수술대에 털과 짧은 꽃밥이 있고 아래쪽 2개는 털이 없고 꽃밥이 크다. 열매는 공 모양이며 지름은 7밀리미터이고 꽃받침에 싸여 있다.

선개불알풀(현삼과)

Veronica arvensis L.

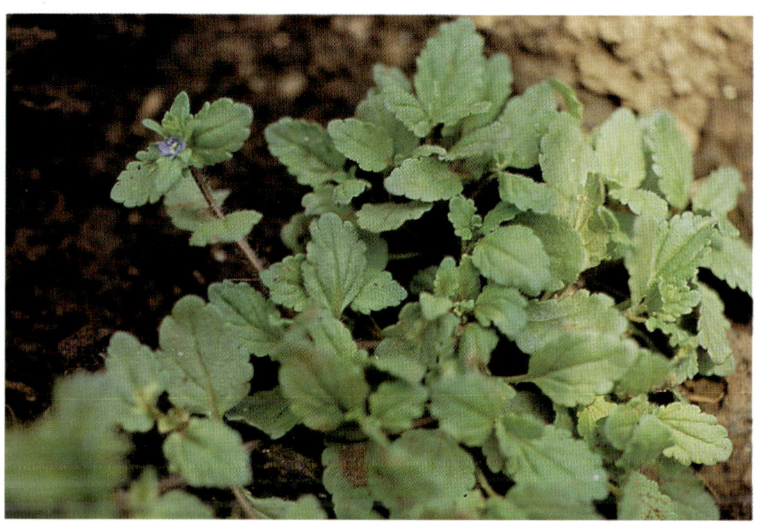

유럽 원산으로 1910년대에 들어온 식물이다. 지리적으로 북아메리카, 아프리카, 아시아 등지에 분포하며 국내에는 전국 각지의 빈터, 제방, 밭, 밭둑에 자라고 있다.

한해살이풀이며 줄기의 높이는 10 내지 30센티미터로 기부에서 가지를 친다. 잎은 마주나기이며 알꼴이고 길이는 6 내지 12밀리미터이고 너비는 4 내지 10밀리미터이며 양끝이 뭉툭하고 가장자리에 둔한 톱니가 있다. 위쪽의 꽃이 피는 곳에서는 포엽으로 된다.

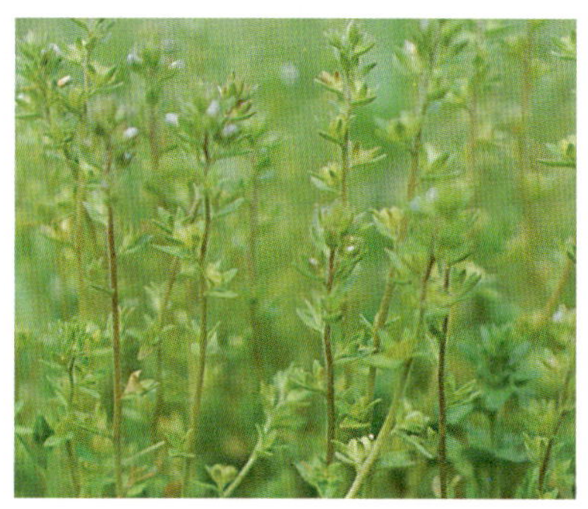

3월에서 9월에 꽃이 피며 포엽의 잎겨드랑이에 한 개씩 달린다. 꽃자루는 꽃받침보다 짧고 꽃은 지름이 3 내지 4밀리미터이다. 꽃받침은 길이가 4밀리미터로 샘털이 있다. 수술 2개와 1개의 암술이 있다. 열매는 도심장형(倒心臟形)이며 납작하고 가장자리에 샘털이 있으며 20개 정도의 씨가 들어 있다.

큰개불알풀_(현삼과)

Veronica persica POIRET

유럽과 서아시아, 아프리카 원산이
며 6·25 동란을 전후하여 들어온 식
물이다. 주로 북아메리카, 일본, 중국
등지에 귀화되었고 국내에는 전국적
으로 빈터, 논둑, 밭, 밭둑, 길가에 자
라고 있다.

두해살이풀로 식물 전체에 연한 털
이 있다. 줄기는 길이가 15 내지 30센
티미터이고 기부에서 가지를 치고 지
면을 포복하면서 끝이 위를 향한다.

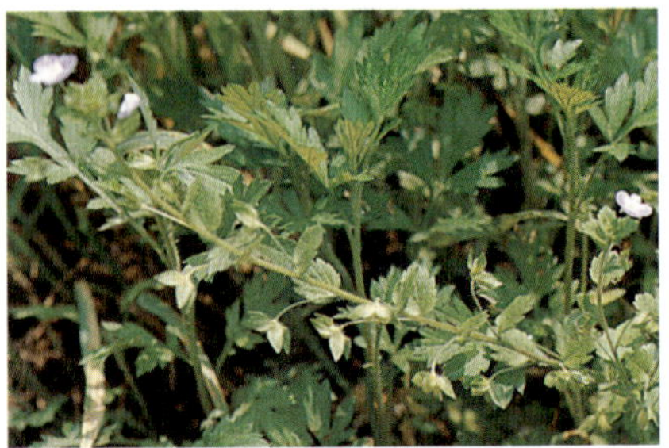

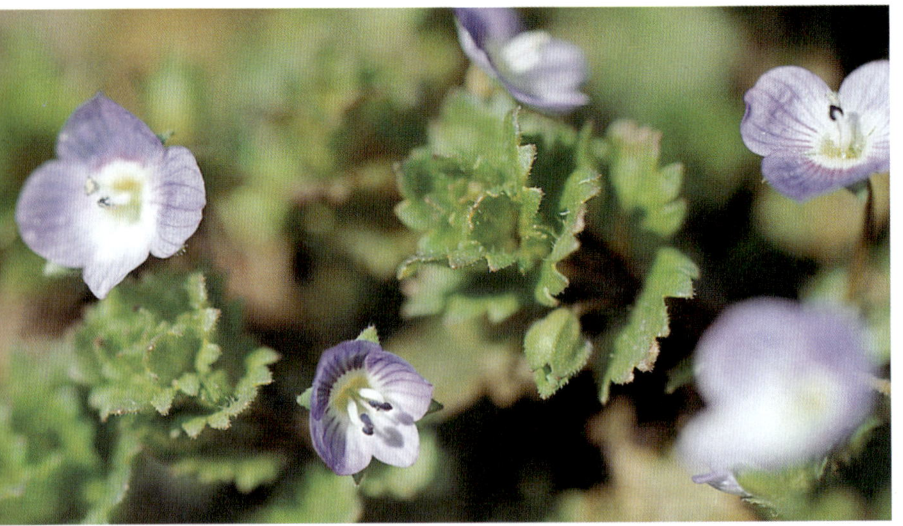

잎은 마주나기이고 잎새는 삼각형 달걀 모양으로 길이는 1 내지 2센티미터이며 너비는 0.8 내
지 1.8센티미터이고 3 내지 4쌍의 톱니가 있다.

3월에서 9월에 꽃이 피며 잎겨드랑이에서 한 개씩 달리고 꽃은 파랑색으로 지름은 8밀리미
터이다. 꽃받침은 4개의 열편으로 갈라지고 길이는 6 내지 10밀리미터이며 꽃잎은 4개로 지름
이 8밀리미터이다. 2개의 수술과 1개의 암술이 있다. 열매는 도심장형으로 길이는 5밀리미터,
폭은 10밀리미터이며 납작하고 8 내지 15개의 씨가 들어 있다.

창질경이(질경이과)
Plantago lanceolata L.

유럽 원산이며 1920년대
에 들어왔다. 지리적으로 북
아메리카와 아시아에 분포
하며 국내에는 제주도와 남
부 지방 빈터, 밭둑, 길가에
많이 자라며 간혹 중부 지방
에서도 나타난다.

여러해살이풀이다. 잎은
뿌리에서 생긴 잎으로 이루
어졌고 길이는 10 내지 30센
티미터이고 너비는 0.6 내지
2.5센티미터이며 톱니가 없
고 약간 주름이 진다.

꽃은 4월에서 11월에 피며
뿌리에서 생긴 꽃자루는 30
내지 60센티미터로 잎보다
길며 수상 꽃차례를 이루는
데 처음에는 달걀 모양이지
만 뒤에 둥근 기둥 모양으로
되며 길이는 2 내지 10센티
미터이고 폭은 0.7 내지 1.5
센티미터가 된다. 꽃은 갖
춘꽃〔完全花〕으로 암술
조숙화이고 포엽에
싸여 있다. 꽃받침
은 길이가 2.5밀리
미터이며 백색의
꽃잎이 4개이고
수술은 꽃잎 밖
으로 초출된다.
열매는 긴 타원
형이며 속에는 2
개의 씨가 들어
있다.

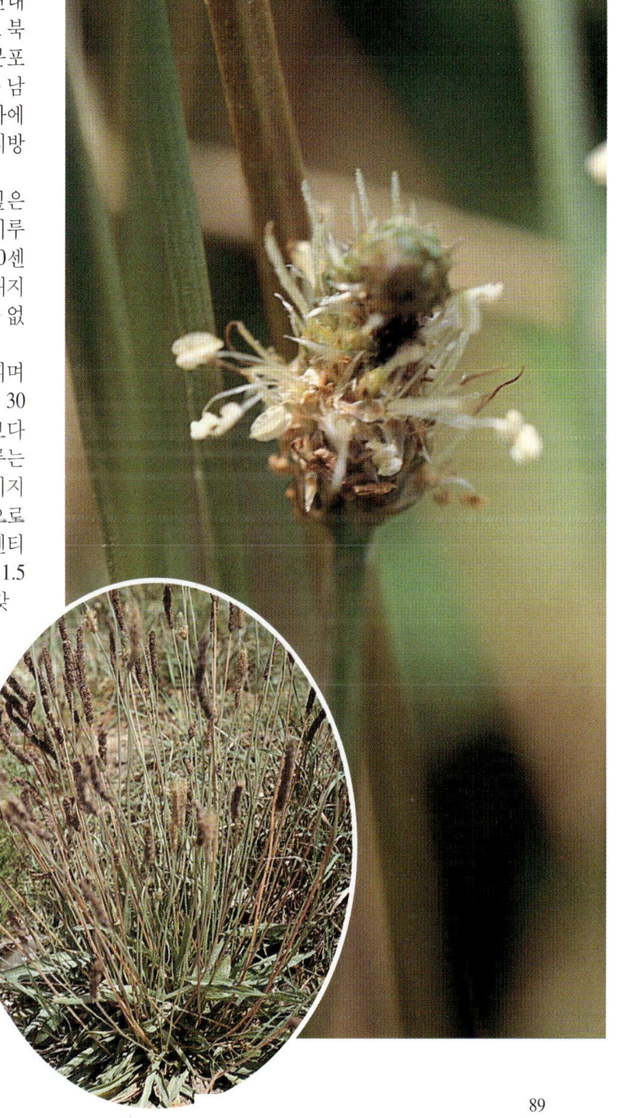

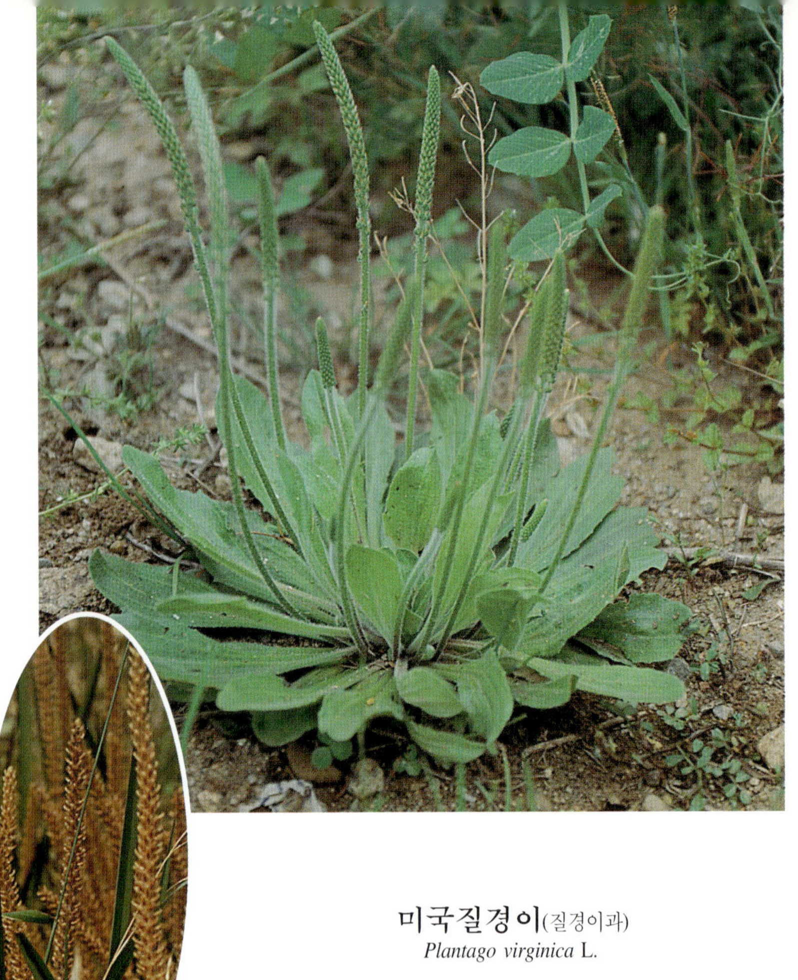

미국질경이_(질경이과)

Plantago virginica L.

북아메리카 원산이며 1995년에 알려진 식물이다. 지리적으로 일본에 분포하며 국내에는 제주도와 전라남도 순천의 빈터나 길가, 밭에 자란다.

한해 또는 두해살이풀이다. 식물 전체에 백색의 털이 있다. 잎은 모두 뿌리에서 생긴 잎이며 주걱형이고 끝이 뭉툭하다. 기부는 잎자루 쪽으로 좁아지며 톱니가 없다.

꽃은 5월에서 7월에 피며 뿌리에서 생긴 꽃자루는 길이가 10 내지 30센티미터로 잎보다 길다. 수상 꽃차례는 둥근 기둥꼴로 길이는 3 내지 15센티미터이고 폭은 5 내지 6밀리미터이다. 꽃잎은 4열로 되며 열편은 옆으로 퍼지지 않고 곧게 서고 백색 막질이다. 수술은 4개로 꽃잎보다 짧으며(간혹 긴 것도 나타난다) 눈에 띄지 않는다. 열매는 긴 타원형으로 꽃받침과 같은 길이이고 2개의 씨가 들어 있다.

서양톱풀(국화과)
Achillea millefolium L.

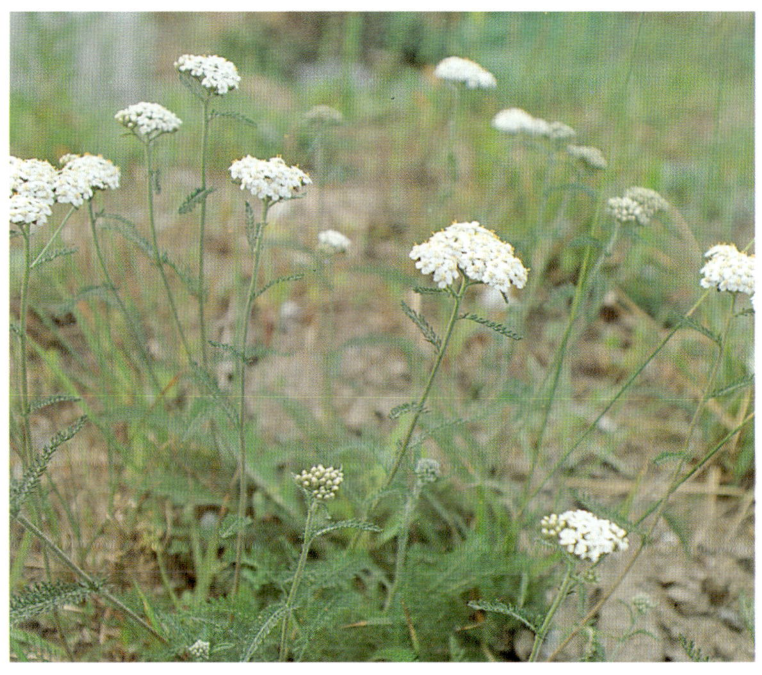

　유럽 원산으로 6·25 동란 이후에 알려진 식물이다. 북아메리카와 아시아에 분포하며 국내에서는 관상용 또는 건위제, 발한제로 재배되던 것이 야생화되어 제주도와 중부 및 남부 지방 도시 근처의 길가, 빈터에 자라고 있다.

　여러해살이풀이다. 줄기의 높이는 30 내지 100센티미터이고 연한 털이 있다. 뿌리에서 생긴 잎에는 잎자루가 있으며 길이는 10 내지 25센티미터이고 너비는 1 내지 2센티미터이다. 줄기의 잎은 잎자루가 없고 모두 2 내지 3회 깃꼴로 가늘게 갈라지며 양면에 연한 털이 있다.

　꽃은 6월에서 9월에 피며 꽃대 끝에 꽃자루가 없는 작은꽃이 모여 피어 머리 모양을 이루는 두화(頭花)는 지름이 4밀리미터 정도 되며 백색으로 위가 납작한 산방 꽃차례를 만든다. 총포 조각은 알꼴이며 털이 있다. 아랫부분은 대롱처럼 되고 윗부분은 혀처럼 편평하게 생긴 꽃부리를 가진 설상화(舌狀花)가 5개인데 암꽃이며 갓털은 없다. 꽃잎 전체 또는 그 밑부분이 붙어서 대롱 모양으로 되어 끝만 겨우 째진 꽃부리로 된 통상화(筒狀花)는 하나의 꽃 속에 암술과 수술을 함께 갖춘 양성화(兩性花)이다. 씨방의 맨 끝에 붙어 있는 솜털 같은 갓털〔冠毛〕은 없다.

돼지풀(국화과)
Ambrosia artemisiaefolia L.

　북아메리카 원산이며 1968 년에 처음으로 알려졌고 6 · 25 동란 이후에 들어온 식물이다. 지리적으로 유럽과 아시아 등지에 분포하며 국내에는 중부 지방에서 발견되어 지금은 전국 각지에서 자라는데 꽃가루 알레르기를 일으키는 강잡초의 하나이다.

　한해살이풀이다. 줄기의 높이는 30 내지 180센티미터이고 가지를 친다. 잎은 2회 깃꼴로 깊이 갈라지며 위쪽의 것은 피침형으로 톱니가 없어진다.

　꽃은 8월에서 9월에 피며 불임성 두화(不稔性頭花)는 수꽃으로 총상 꽃차례를 이룬다. 두화는 10 내지 15개의 통상화로 되며 황색으로 9월경 많은 양의 꽃가루를 날려 꽃가루 알레르기를 일으킨다. 임성 두화(稔性頭花)는 암꽃으로 수꽃 아래쪽 잎겨드랑이에 달리며 두화는 길이가 3 내지 4밀리미터로 포엽에 싸여 있다.

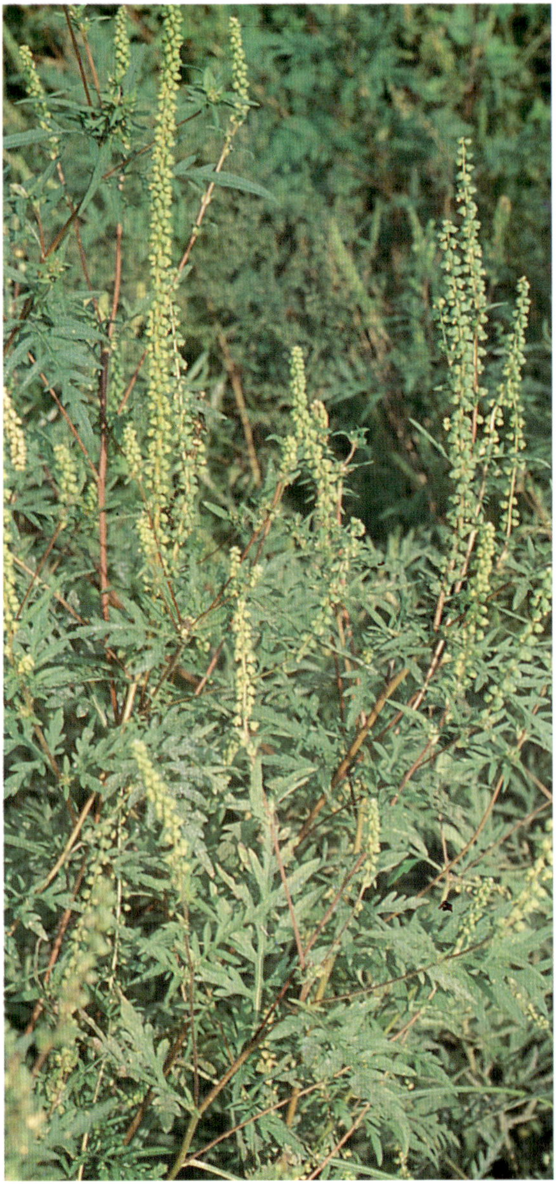

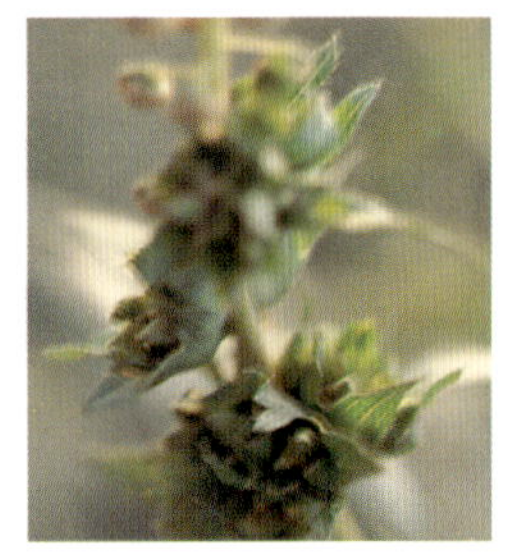

단풍잎돼지풀(국화과)

Ambrosia trifida L.

북아메리카 원산으로 1970년대에 알려진 식물이다. 지리적으로 유럽과 일본, 만주 등지에 분포하며 국내에서는 중부 지방의 포천, 문산, 운천 등지에서 발견되었고 점차 남하하여 현재 서울 근교까지 퍼져 있다. 돼지풀과 함께 꽃가루 알레르기를 일으키는 강잡초이다.

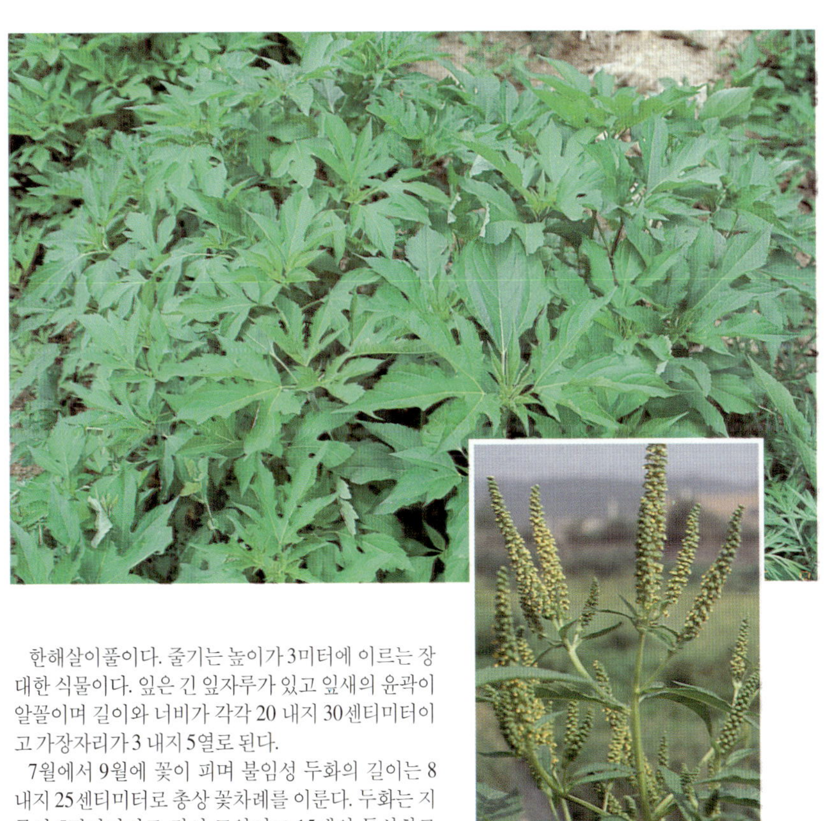

한해살이풀이다. 줄기는 높이가 3미터에 이르는 장대한 식물이다. 잎은 긴 잎자루가 있고 잎새의 윤곽이 알꼴이며 길이와 너비가 각각 20 내지 30센티미터이고 가장자리가 3 내지 5열로 된다.

7월에서 9월에 꽃이 피며 불임성 두화의 길이는 8 내지 25센티미터로 총상 꽃차례를 이룬다. 두화는 지름이 5밀리미터로 접시 모양이고 15개의 통상화로 이루어졌다. 임성 두화는 잎겨드랑이에 여러 개 뭉쳐 나며 두화는 팽이 모양이다. 열매는 알꼴인데 길이가 6 내지 12밀리미터이고 폭이 4 내지 5밀리미터이다.

미국쑥부쟁이(국화과)

Aster pilosus WILLD.

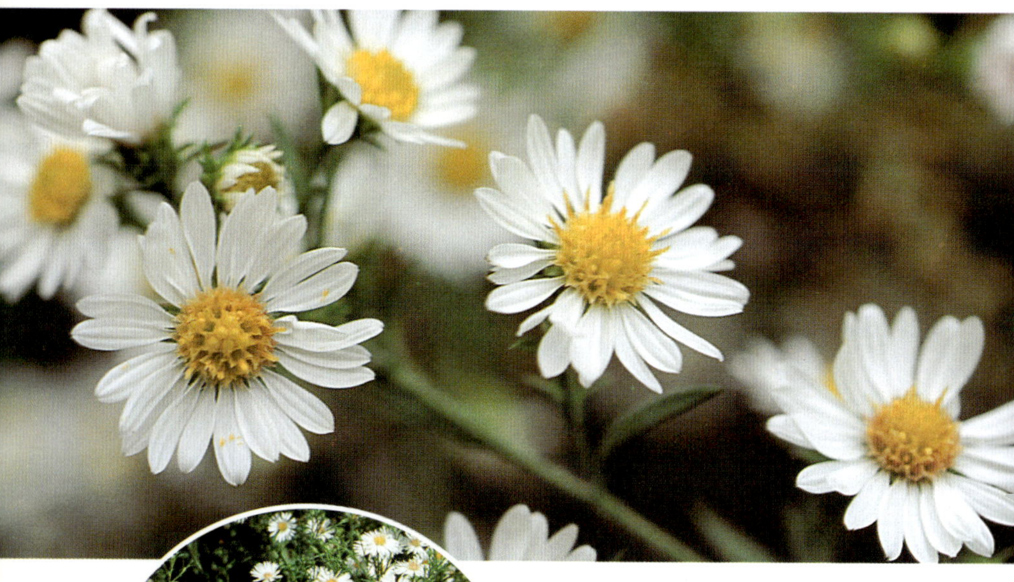

북아메리카 원산이며 1980년대에 알려진 식물이다. 처음 포천과 운천에서 발견되어 문산, 춘천 등지까지 널리 퍼졌고 현재는 경상북도 영해와 전라남도 순천 등 남부 지방에까지 퍼져 있다. 꽃이 아름다워서 꽃피는 시기에는 절화용으로 많이 이용된다.

여러해살이풀이다. 줄기는 높이가 30 내지 100센티미터이고 총상으로 가지를 많이 치며 아래쪽은 목질화된다. 아래쪽 잎은 주걱 모양이며 길이는 3 내지 10센티미터이고 너비는 3 내지 8밀리미터이며 가장자리에 톱니가 있다. 작은 가지의 잎은 선형이며 톱니가 없다. 위쪽 작은 가지의 잎은 선형 또는 송곳 모양이며 많이 모여 난다.

꽃은 9월에서 10월에 피며 두화는 지름이 10 내지 17밀리미터이고 작은 가지 끝에 달려 많은 수가 동시에 피어난다. 설상화는 백색이고 대개 15 내지 25개이며 길이는 6 내지 9밀리미터이다. 중심화(中心花)는 황색 또는 홍자색을 띠며 많이 핀다.

비자루국화(국화과)
Aster subulatus MICHX.

북아메리카 원산으로 1980년 인천에서 채집, 보고된 식물이다. 지리적으로 열대아메리카, 일본, 대만 등지에 분포하며 국내에는 전국 바닷가 근처에 자라고 있다.

한해살이풀로 줄기의 높이는 50 내지 120센티미터이며 원추형으로 가지를 많이 친다. 잎은 아래쪽은 주걱형이고 줄기의 것은 선형이며 끝이 뭉툭하고 길이가 10 내지 13센티미터, 너비가 0.5 내지 1센티미터이다.

8월에서 10월에 꽃이 피며 두화는 지름이 5 내지 6밀리미터이고 다수가 모여 원추 꽃차례를 이룬다. 꽃이 지고 나면 갓털이 자라서 밖으로 밀고 나온나. 또한 이 식물의 변종인 큰비자루국화(var. *sandwicensis* A. G. JONES)는 열대아메리카 원산으로 1993년 서울 난지도에서 발견된 이래 중부 지방에 퍼지고 있다. 이 식물은 비자루국화에 비하여 식물체가 크고, 잎새의 양쪽 끝이 뾰족하며 꽃이 시든 다음에 갓털이 자라지 않는 특징이 있다.

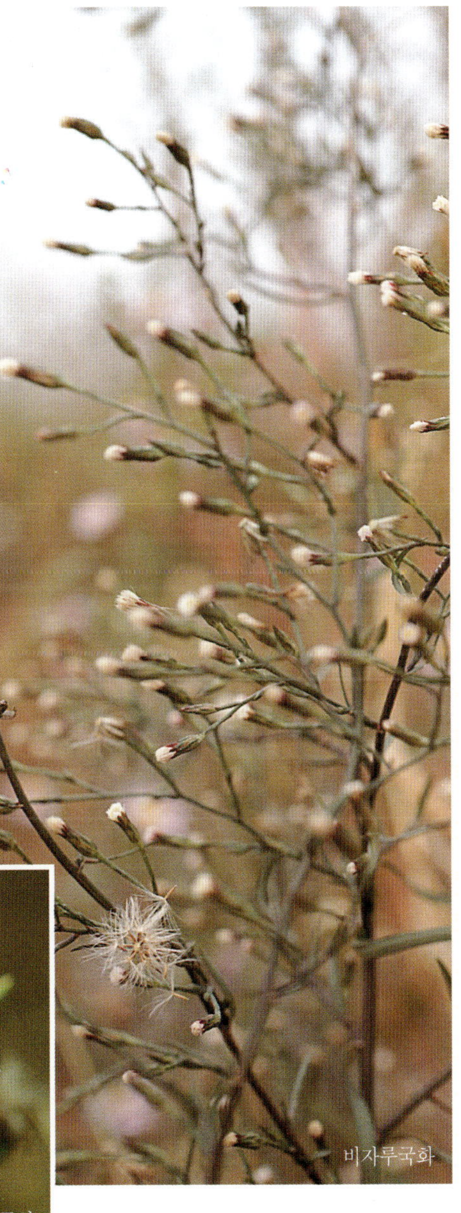

큰비자루국화

비자루국화

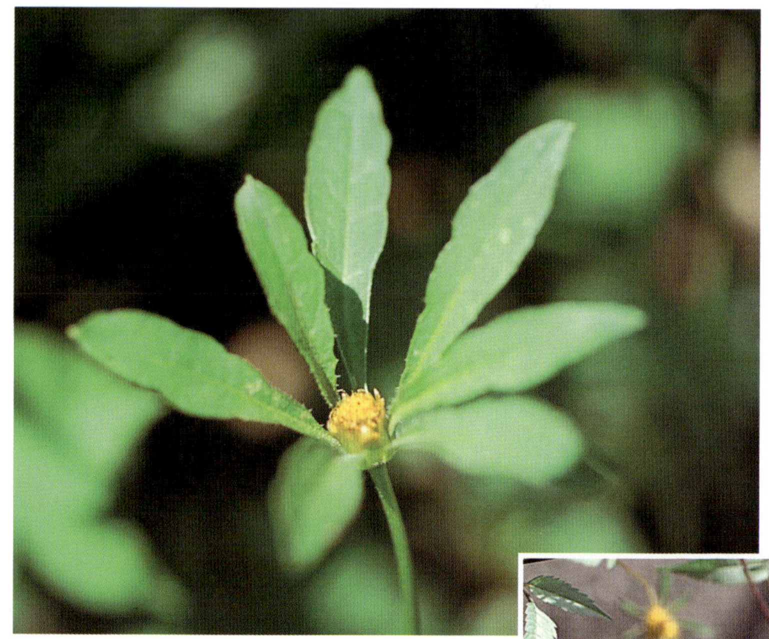

미국가막사리(국화과)
Bidens frondosa L.

　북아메리카 원산이며 1970년대에 알려진 식물이다. 지리적으로 유럽과 아시아 등지에 분포하며 국내에서는 전국 각지의 습지에 자라고 있고 심지어 논 속에까지 침입하고 있다.

　한해살이풀이다. 줄기는 높이가 50 내지 150센티미터이고 4개의 능선이 있으며 암자색을 띤다. 잎은 마주나기이며 아래쪽은 깃꼴로 깊게 3 내지 5열로 되며 가운데 열편은 옆의 것보다 크다. 위쪽에는 3개의 작은잎이 있다.

　6월에서 9월에 꽃이 피며 원추 꽃차례에 두화가 달린다. 주황색의 두화는 지름이 1 내지 1.5센티미터이고 가지 끝마다 많은 수가 달린다. 총포는 종 모양이며 외총포 조각은 6 내지 12개로 잎 모양을 하며 길이는 1 내지 2.5센티미터로 뒤로 말리는 습성이 있다. 설상화는 없고 통상화만으로 이루어진다. 통상화는 양성이며 주황색이다. 씨는 납작하고 길이는 6 내지 10밀리미터이며 2개의 가시가 있다.

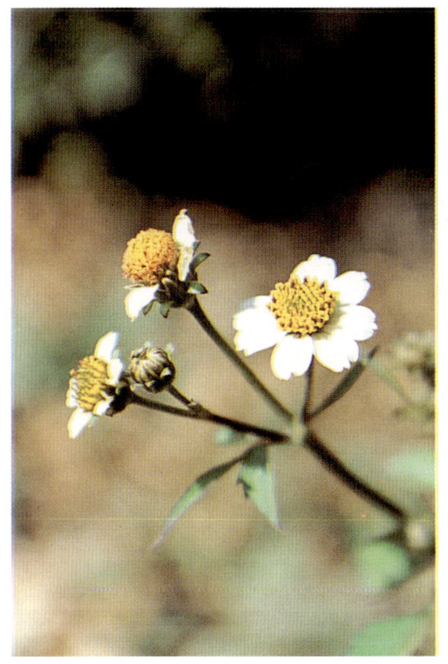

울산도깨비바늘(국화과)
Bidens pilosa L.

세계의 열대로부터 난대 지방에 걸쳐 널리 자라며 국내에서는 1992년에 처음 밝혀졌으나 훨씬 이전에 들어온 것으로 보인다. 경상도, 강원도 남부와 전라도 지방에 자라고 있다.

한해살이풀로 줄기의 높이는 50 내지 110센티미터이고 녹색이며 작은 털이 있다. 잎은 깃꼴로 3 내지 5열이다. 3개의 작은잎은 알꼴이고 끝이 뾰족하며 기부는 둥글고 양면에 작은 털이 있다.

꽃은 6월에서 8월경 가지 끝에 한 개씩 핀다. 두화는 지름이 1센티미터이며 황색으로 설상화가 없고 통상화만으로 이루어졌다. 씨는 선형으로 4각이 졌고 갓털이 변한 가시가 3 내지 4개 있고 가시에 밑을 향한 미늘이 있다.

또한 이 식물의 변종인 흰도깨비바늘(var. *minor* SHERFF)이 남부 지방에 자라고 있는데 두화에 4 내지 7개의 흰색 설상화가 있는 점이 울산도깨비바늘과 다르다.

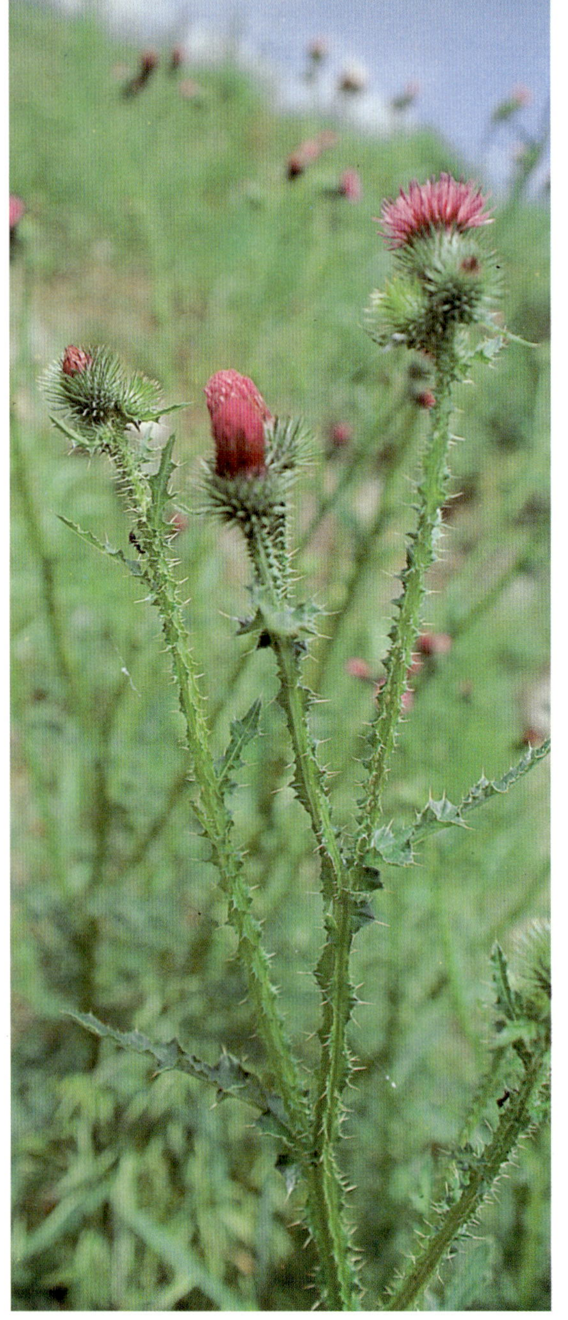

지느러미엉겅퀴
(국화과)
Carduus crispus L.

유럽과 서아시아 원산이
며 우리나라에는 개항 이후
에 들어온 식물이다. 지리적
으로 북아메리카와 아시아
등지에 분포하며 국내에서
는 전국의 빈터나 밭둑, 길가
등지에 자란다.

두해살이풀이다. 줄기는
높이가 70 내지 100센티미
터이고 많은 가지를 치고 지
느러미 같은 날개가 있다. 날
개에는 잎 가장자리처럼 가
시가 달린 톱니가 발달된다.
잎은 윤곽이 피침형으로 길
이는 5 내지 30센티미터이
고 가장자리 톱니 끝이 가시
로 된다.

꽃은 6월에서 9월경 줄기
끝에 여러 개가 뭉쳐 나며 짧
은 꽃자루가 있고 자주색이
며 지름이 2.5센티미터로 통
상화로만 이루어진다. 총포
는 알꼴이며 1.5 내지 2센티
미터 길이에 총포 조각은 7
내지 8열로 겹쳐지고 끝이
가시로 된다. 통상화는 양성
이며 끝이 5갈래로 깊이 갈
라지고 갓털은 흰색이다.

실망초(국화과)
Conyza bonariensis
Cronquist

남아메리카 원산이며 우리나라에는 개항 이후에 북아메리카와 일본을 경유하여 들어온 식물이다. 지리적으로 세계 열대 지방에 분포하며 국내에서는 남부 지방과 제주도 바닷가에 자라고 있다.

한해 또는 두해살이풀이다. 식물체 전체에는 회백색의 털이 많다. 줄기의 높이는 100 내지 150센티미터이고 원줄기 끝의 생장이 정지되면서 옆 가지가 길게 자란다. 잎은 선상 피침형으로 길이가 2 내지 12센티미터이고 너비는 0.2 내지 1.8센티미터이며 양면에는 털이 있다.

꽃은 7월에서 9월에 피며 총상 꽃차례를 이루고 두화의 총포는 종 모양으로 길이는 5밀리미터이다. 총포 조각은 선형이며 2 내지 3줄로 배열된다. 설상화는 흰색으로 암꽃이며 총포 밖으로 나오지 않는다. 갓털은 엷은 갈색이다.

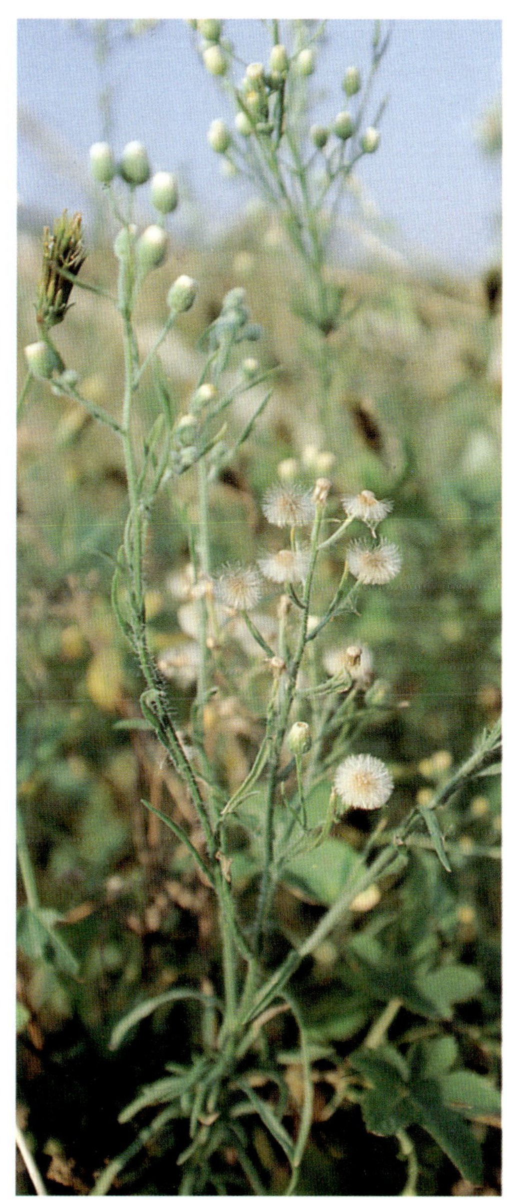

망초(국화과)
Conyza canadensis CRONQUIST

북아메리카 원산이며 우리나라의 개항 이후에 들어왔다. 지리적으로 남아메리카, 유럽과 아시아 등지에 분포하며 국내에는 전국의 빈터, 길가, 밭, 인가 근처에 자라고 있다. 이 식물이 많이 나면 집안이 망한다 하여 망초란 이름이 붙었다.

두해살이풀이다. 줄기의 높이는 50 내지 150센티미터이고 많은 가지를 친다. 뿌리에서 생긴 잎은 주걱형이며 잎자루가 있고 톱니가 있다. 줄기의 잎은 도피침형으로 길이는 7 내지 10센티미터이고 너비는 0.8 내지 1.5 센티미터이며 한쪽에 2 내지 4개의 톱니가 있다.

꽃은 7월에서 8월에 피며 커다란 원추 꽃차례를 이루고 두화는 다수이고 총포 길이는 2.5센티미터이다. 설상화는 암꽃이며 흰색이고 총포 밖으로 초출된다. 통상화는 양성으로 엷은 황색이며 갓털은 길이가 2.5 내지 3밀리미터이다.

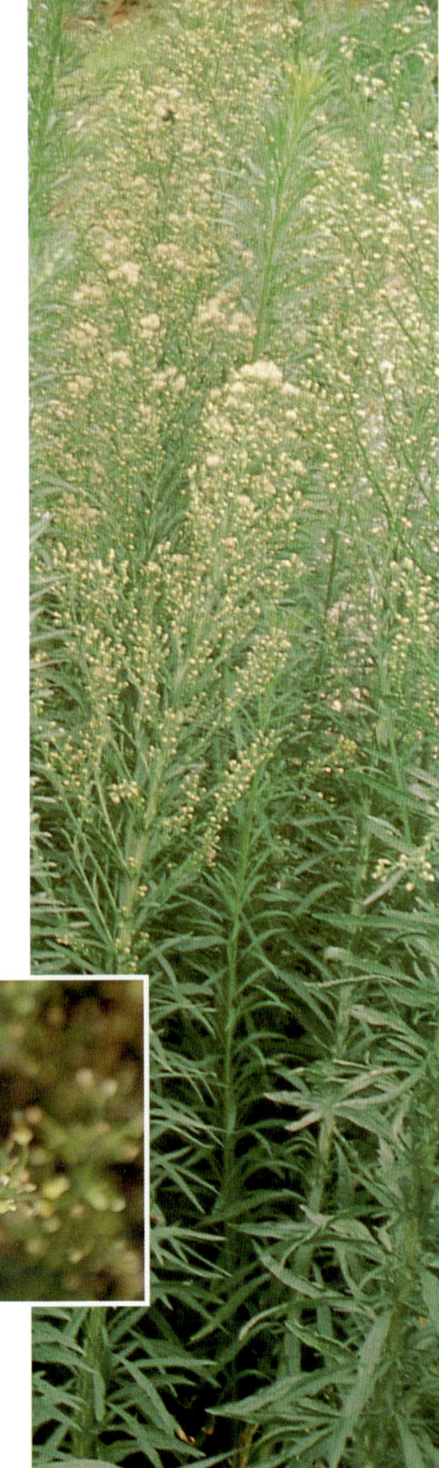

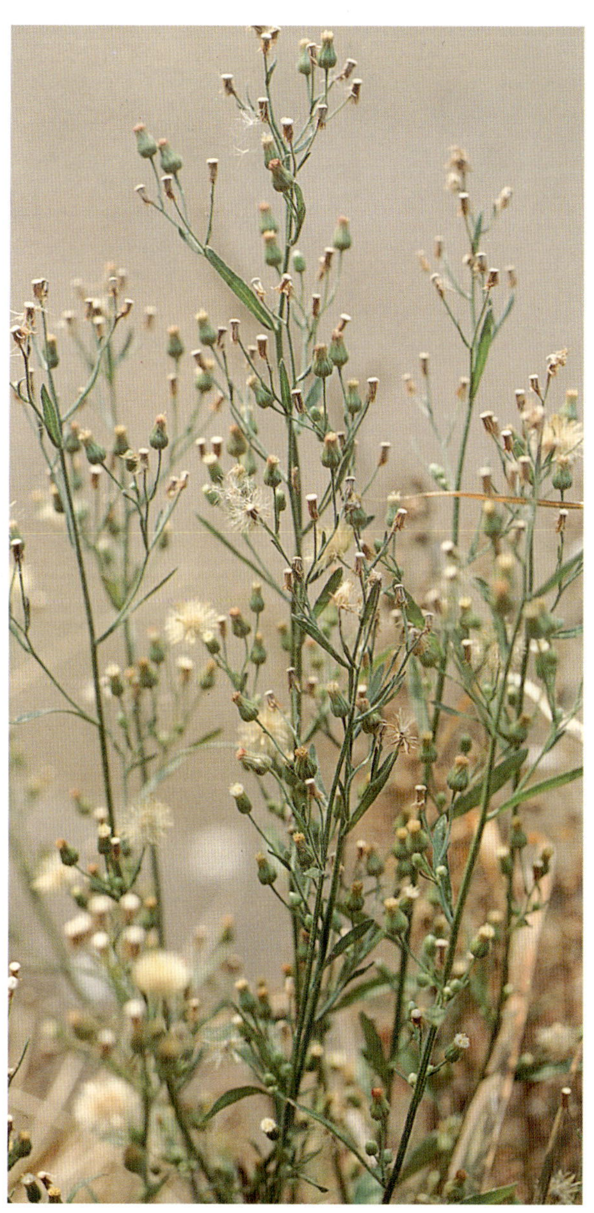

큰망초(국화과)
Conyza sumatrensis
E. WALKER

남아메리카 원산이며 우리나라 광복 이전에 북아메리카와 일본을 경유해서 들어온 식물이다. 지리적으로 세계의 난대와 열대 지방에 분포하며 국내에서는 남부 지방과 제주도에 자라고 있다. 최근 서울의 난지도에까지 북상하고 있다.

두해살이풀이다. 줄기의 높이는 80 내지 180센티미터이고 어두운 녹색이며 거친 털이 많이 난다. 잎은 끝쪽이 약간 넓은 피침형이며 양면에 짧은 털이 있고 어두운 녹색을 띤다.

7월에서 9월에 꽃이 피며 두화는 다수이고 길이는 5밀리미터, 폭은 4밀리미터로 커다란 원추 꽃차례를 이룬다. 총포는 원통꼴이며 4밀리미터의 지름에 회녹색이다. 설상화의 끝이 갈라졌고 총포 밖으로 나오지 않는다. 갓털은 길이가 4밀리미터로 엷은 회갈색이다.

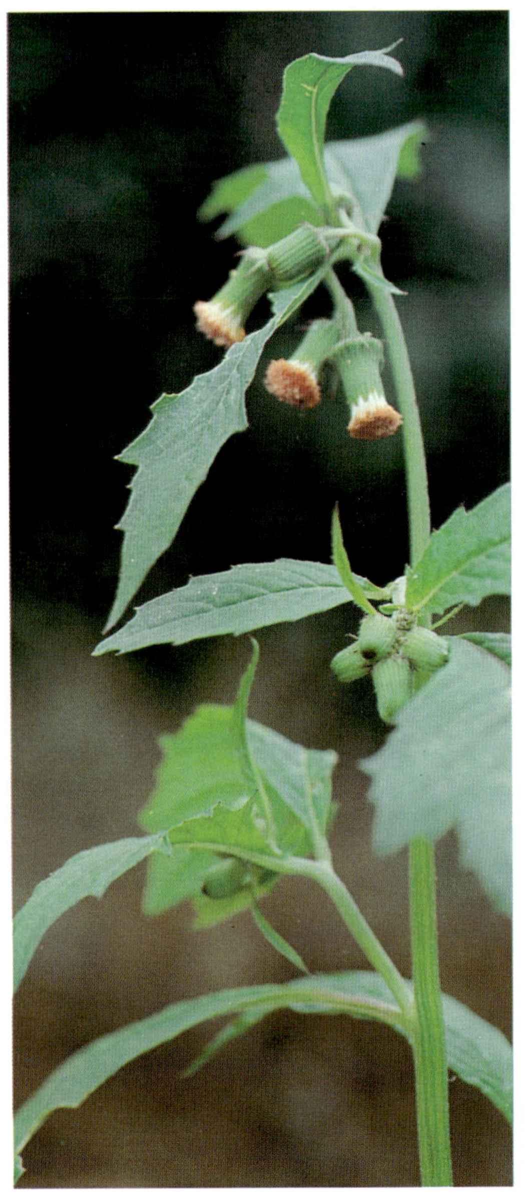

주홍서나물
(국화과)
Crassocephalum
crepidioides S. Moore

아프리카 원산이며 1991년에 알려진 식물이다. 제주도와 남부 지방의 부산, 울산, 돌산도 등지에서 자라고 있다. 음지에서도 자라며 서양등골나물처럼 자연 생태계 속으로 침입할 가능성이 있다.

한해살이풀이다. 줄기의 높이는 30 내지 70센티미터이며 연약하고 성기게 털이 있다. 아래쪽 잎은 불규칙하게 깃꼴로 분열하고 알꼴 또는 긴 타원형으로 가장자리에 크기가 다른 톱니가 있다.

꽃은 7월에서 9월에 피며 총상 꽃차례이다. 두화는 아래를 향해 피며 길이가 1.5 내지 2센티미터이고 빨강색이다. 총포는 원통꼴이며 9 내지 10밀리미터의 길이로 기부 근처가 현저하게 부푼다. 설상화는 없고 통상화는 끝이 빨강색이며 5갈래로 갈라지고 흰색의 갓털이 있다. 암술머리는 2개로 갈라지고 끈 모양이며 끝이 가늘어진다.

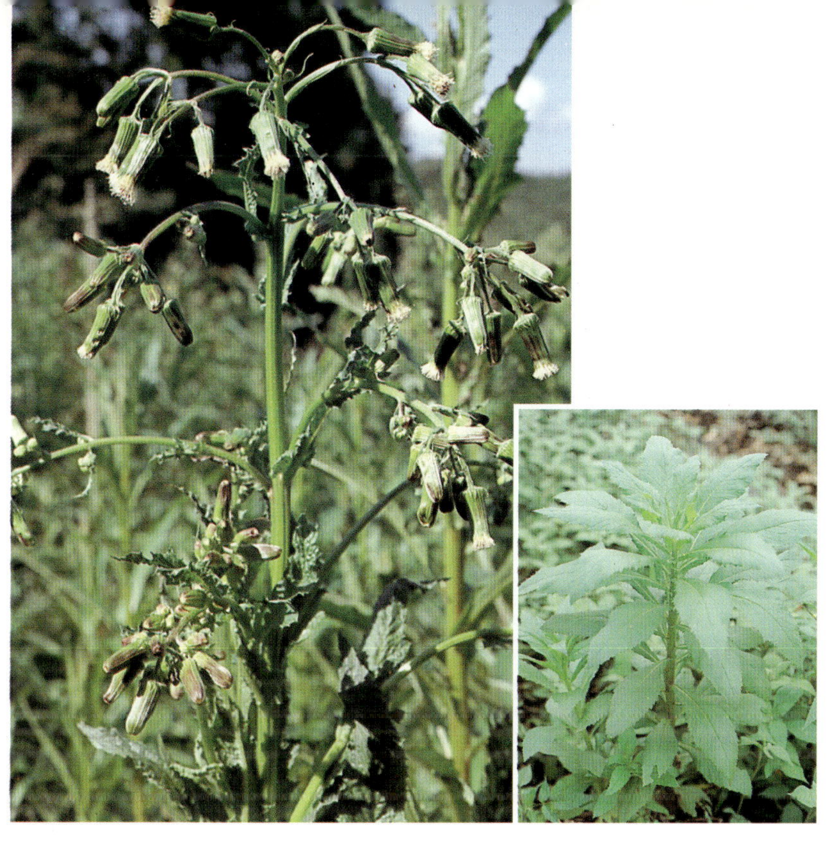

붉은서나물(국화과)
Erechtites hieracifolia RAF.

　북아메리카 원산이며 1970년대에 알려진 식물이다. 지리적으로 열대아메리카와 남아메리카, 일본 등지에 분포하며 국내에는 중부 지방의 빈터나 인가 근처, 길가, 밭에 자라고 있다.
　한해살이풀로 줄기의 높이는 50 내지 150센티미터이고 붉은빛을 띠기도 하며 액즙(液汁)이 많다. 잎은 선형 또는 피침형으로 길이는 7 내지 20센티미터이고 가장자리에는 결각상 톱니가 있다. 위쪽 잎은 잎자루가 없고 기부가 귀 모양으로 줄기를 둘러싼다.
　꽃은 9월에서 10월에 피며 많은 꽃이 모여 산방상으로 꽃차례를 이룬다. 두화는 원통형으로 길이가 1.5센티미터이고 폭이 0.5센티미터이며 아래쪽이 현저하게 부풀어올라 커져 있다. 외총포 조각은 길이가 2 내지 3밀리미터이고 내총포 조각은 길이가 10 내지 14밀리미터이며 녹색이고 같은 크기 1열로 배열된다. 설상화는 없고 통상화뿐으로 끝이 엷은 황색이며 갓털은 흰색이다.

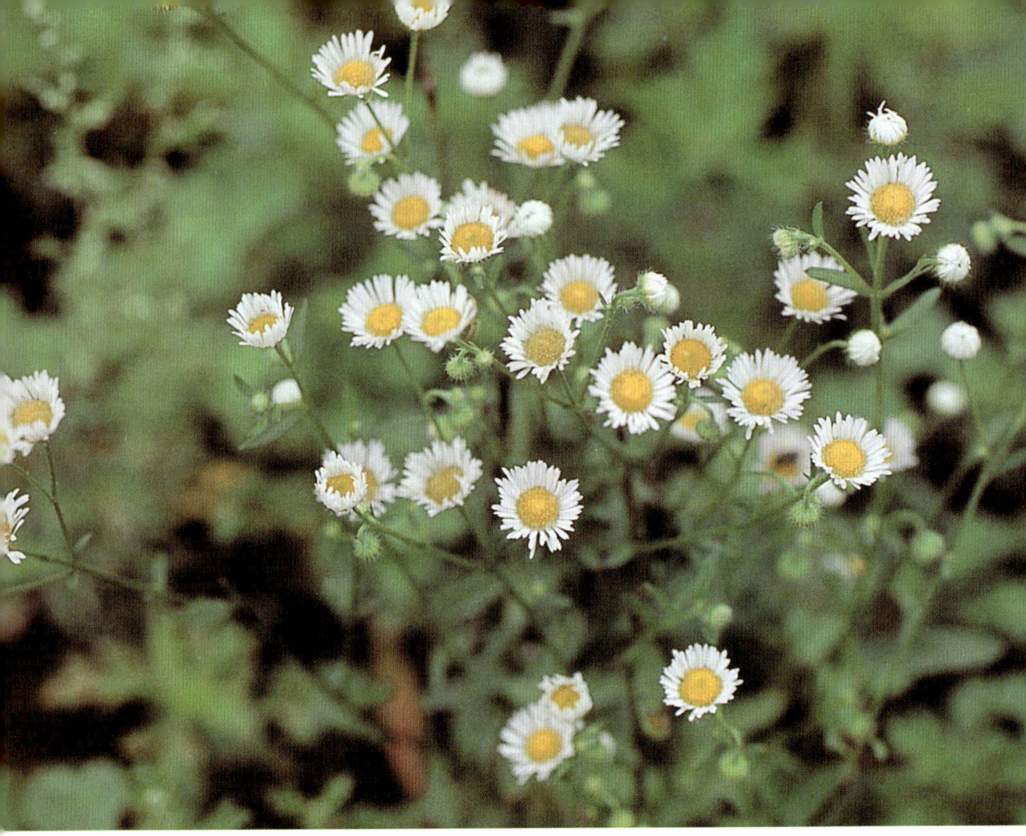

개망초(국화과)

Erigeron annuus PERS.

    북아메리카 원산으로 1900년대에 들어온 식물이다. 세계적으로 널리 분포하며 국내에서도 전국의 빈터, 길가, 밭에 퍼져 있어 어디에서나 흔히 볼 수 있는 잡초이다. 어린 잎은 식용한다. 꽃 모양이 달걀 프라이를 한 것처럼 보여 달걀꽃이라고도 한다.

    두해살이풀로 줄기의 높이는 30 내지 100센티미터이고 곧추서며 산방상으로 가지를 많이 친다. 뿌리에서 생긴 잎은 꽃이 필 때 시들며 긴 잎자루가 있고 잎새는 알꼴로 길이는 5 내지 15 센티미터이고 너비는 2.5 내지 7센티미터이다. 양면에 털이 있고 가장자리에 거친 톱니가 있다. 줄기의 잎은 잎자루가 있거나 또는 없으며 긴 타원형이고 잎자루에는 날개가 있다.

    꽃은 6월에서 7월에 피며 두화는 지름은 2센티미터이고 총포는 반구형이다. 설상화는 100개 내외이고 갓털이 흔적만 있고 백색 또는 연한 자주색이다. 중심부의 통상화는 황색이며 긴 갓털이 있다.

봄망초(국화과)

Erigeron philadelphicus L.

북아메리카 원산이며 1970년대에 알려진 식물이다. 일본에도 분포하며 국내에서는 서울의 난지도, 인천, 대구 등지에 자라고 있다. 개망초보다 꽃이 빨리 피어 봄망초란 이름이 지어졌고 대구 지방에서 처음 발견되어 대구망초라고 불리기도 했다.

여러해살이풀이다. 줄기의 높이는 30 내지 80센티미터이고 가운데가 비었고 거친 털과 잔털이 난다. 뿌리에서 생긴 잎은 주걱 모양이며 꽃이 필 때도 남아 있다. 줄기의 잎은 기부가 줄기를 둘러싸며 양면에 연한

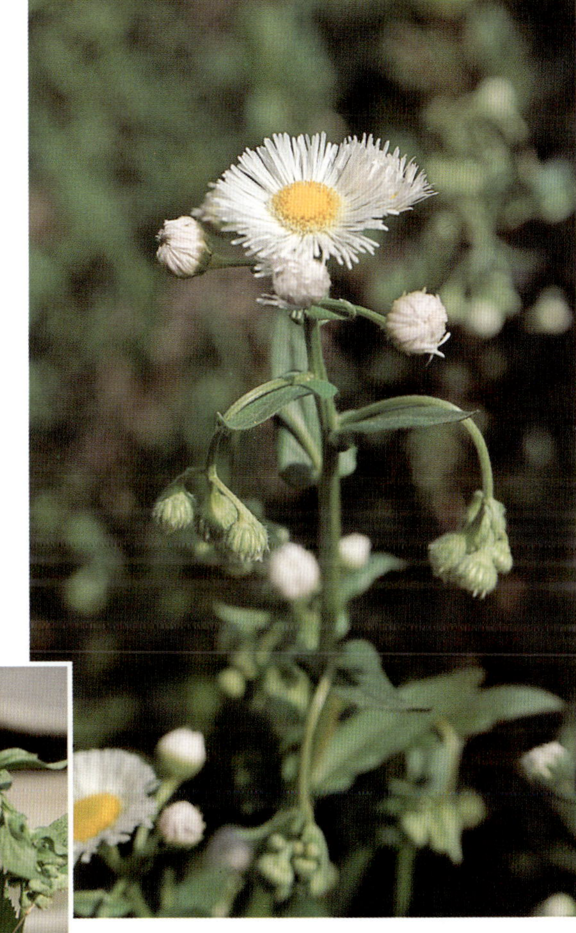

털이 있다.

4월에서 5월에 꽃이 피며 꽃봉오리는 아래쪽으로 처져 매달리고 총포 조각은 3줄로 배열되고 피침형이다. 두화는 지름이 2 내지 2.5센티미터이다. 설상화는 백색 또는 연분홍색이며 150 내지 400개 정도가 있고 긴 갓털이 나며 암꽃이다. 통상화는 황색이다.

주걱개망초(국화과)

Erigeron strigosus Muhl.

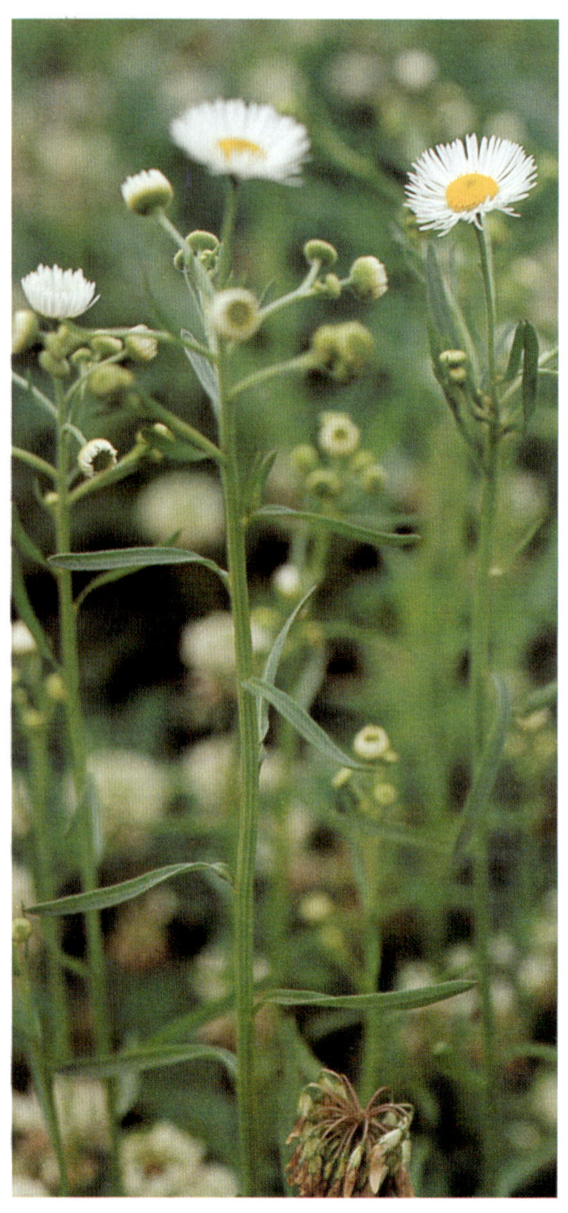

유럽 원산이며 1992년에 알려진 식물이다. 지리적으로 북아메리카와 일본에 분포하며 국내에는 한강 고수부지, 난지도, 대부도, 청평, 속초 등 중부 지방에 자라고 있다.

한해 또는 두해살이풀이다. 줄기는 높이가 30 내지 100센티미터이고 곧게 자라며 위쪽 줄기에 위를 향해 굽은 털[上向毛]이 있다. 뿌리에서 생긴 잎은 주걱 모양으로 톱니가 없거나 드물게 얕은 톱니가 있고 줄기에 나는 잎에는 잎자루가 있다.

꽃은 6월에서 7월에 피며 원추 꽃차례를 이룬다. 두화는 지름이 1.4 내지 1.5센티미터이고 총포 조각은 피침형으로 끝이 뾰족하고 길이는 3밀리미터이다. 설상화는 암꽃이며 120개 내외이고 흰색이고 갓털이 있다. 통상화는 많으며 양성이고 길이는 1.8밀리미터이고 황색이며 긴 갓털이 있다.

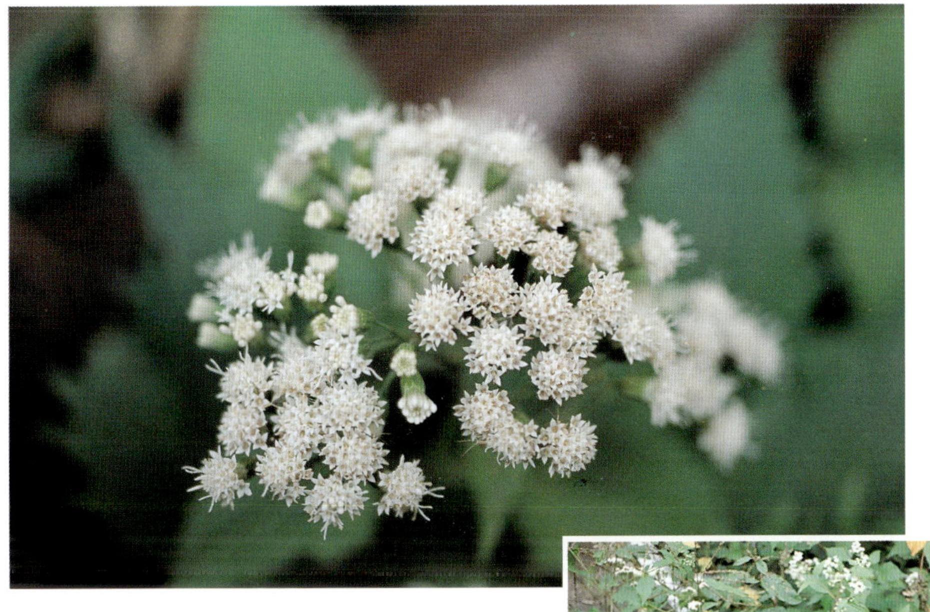

서양등골나물(국화과)
Eupatorium rugosum HOUTT.

북아메리카 원산이며 1978년에 알려진 식물이다.
서울의 남산, 올림픽공원, 아차산, 난지도 등지에 자
라고 있고 음지 식물이므로 숲 속에까지 침입하여 기
존 자생 식물을 밀어내고 있다. 꽃이 필 때는 향기가
좋으며 꽃꽂이용으로 이용되기도 한다.

여러해살이풀로 줄기의 높이는 30 내지 130센티미터이고 가지를 많이 친다. 잎은 마주나기
이며 잎자루가 있고, 잎새는 알꼴로 길이는 2 내지 10센티미터이고 너비는 1.5 내지 6센티미터
(큰 것은 길이가 15센티미터이며 너비가 9센티미터인 것도 있다)이며 가장자리에 날카로운 톱니
가 있다.

8월에서 10월에 꽃이 피며 산방 꽃차례를 이룬다. 꽃은 지름이 7 내지 8밀리미터이고 백색이
며 향기가 있다. 총포는 원통형이며 4 내지 5.5밀리미터의 길이에 설상화는 없고 통상화는 흰
색이다. 끝이 5 조각으로 갈라지며 암술머리가 실 모양으로 2갈래로 갈라진 것이 꽃 밖으로 돌
출된다.

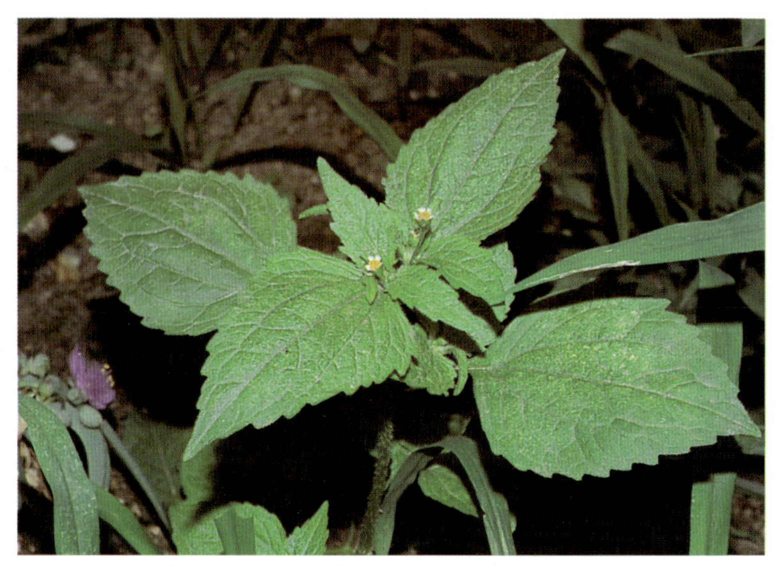

털별꽃아재비 (국화과)
Galinsoga ciliata BLAKE

열대아메리카 원산이며 1970년대에 들어온 식물이다. 지리적으로 북아메리카와 유럽, 일본 등지에 분포하며 국내에서는 서울을 비롯한 중부 지방에 자라고 있는 강잡초이다.

한해살이풀이며 식물체에 개출모(開出毛)가 있다. 줄기의 높이는 15 내지 50센티미터이고 가지를 친다.

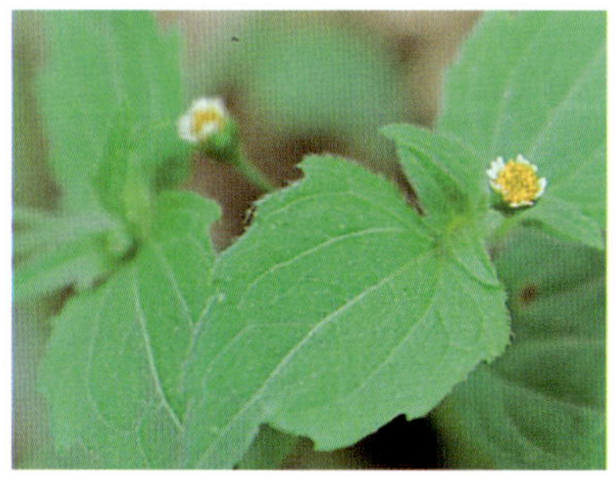

잎은 알꼴로 길이는 2 내지 8센티미터이고 너비는 1 내지 5센티미터이며 가장자리에 5 내지 10개의 거친 톱니가 있다. 양면에 거친 털이 있으나 어린 가지나 줄기의 마디에는 흰색의 긴 털이 많이 난다.

꽃은 6월에서 9월에 피며 줄기와 가지 끝에 달린다. 두화는 지름이 6 내지 7밀리미터이고 총포는 반구형이며 총포 조각은 5개로 표면에 샘털이 있다. 설상화는 5개로 백색이고 폭이 4밀리미터이며 좁은 마름모꼴의 갓털이 있다. 통상화는 황색이다.

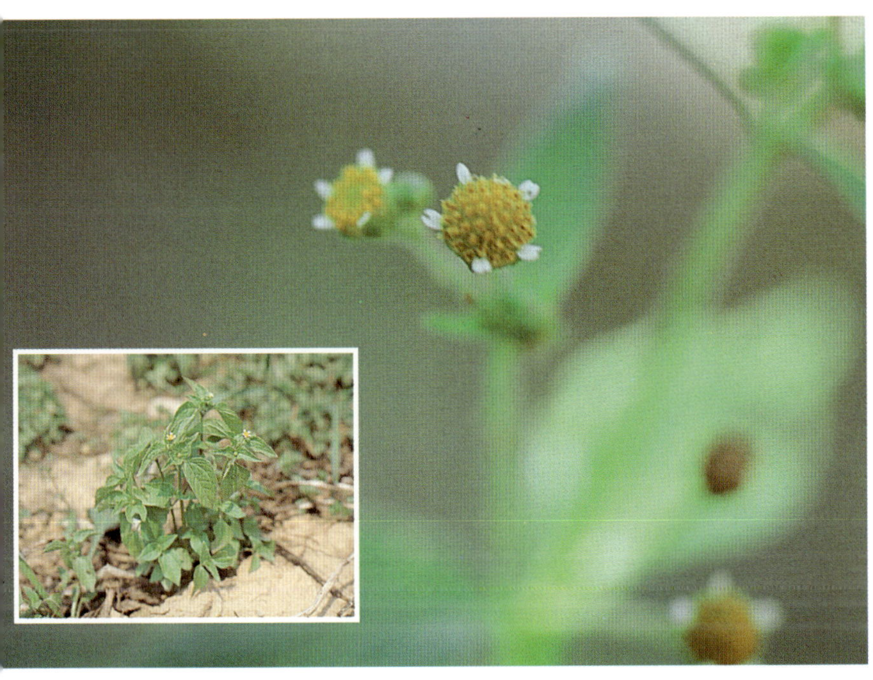

별꽃아재비_(국화과)

Galinsoga parviflora Cav.

열대아메리카 원산으로 1970년대에 들어온 식물이다. 지리적으로 북아메리카와 일본, 베트남 등지에 분포하며 국내에서는 남부 지방에 자라고 있는데 최근에는 인천 지역까지 북상하고 있는 강잡초이다.

한해살이풀이며 털별꽃아재비에 비하여 식물체가 연약(軟弱)하다. 줄기의 높이는 10 내지 40센티미터이고 가지를 친다.

잎은 마주나기로 2 내지 10밀리미터 길이의 잎자루가 있고, 잎새는 알꼴이며 2 내지 3.5센티미터의 길이에 가장자리에 5 내지 8개의 거친 톱니가 있다.

꽃은 5월에서 8월에 피며 두화는 지름이 5밀리미터이고 줄기와 가지 끝에 달린다. 총포는 반구형이고 길이는 5 내지 6밀리미터로 표면에 샘털이 없다. 설상화는 흰색이고 폭이 2.5밀리미터로 작고 갓털이 없다. 통상화는 황색이고 끝이 5갈래로 갈라지는데 갓털에는 끝이 뭉툭하고 긴 털이 있다.

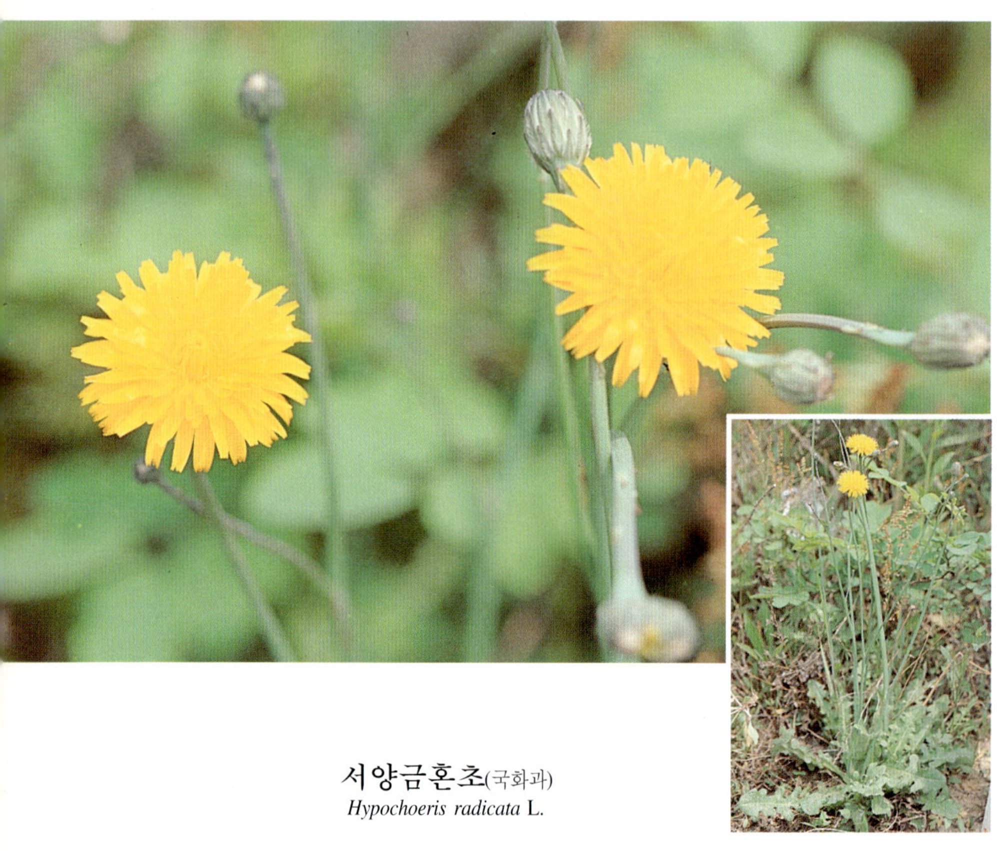

서양금혼초(국화과)

Hypochoeris radicata L.

　원산지는 유럽이고 1987년에 알려진 식물이다. 지리적으로 북아메리카와 아시아에 분포하며 국내에서는 제주도와 전라남도 등지에 자라는데 특히 제주도에서는 목장 지대에 강잡초로 번성하고 있어 문제가 되고 있다.

　여러해살이풀도 줄기의 높이는 30 내지 50센티미터이고 뿌리에서 여러 개가 나오며 위쪽에서 가지를 친다. 군데군데 2 내지 10밀리미터 길이의 비늘 조각이 생기며 뒤에 검은색으로 변한다. 잎은 모두 뿌리에서 생긴 잎이며 도피침형으로 길이는 4 내지 12센티미터이고 너비는 1 내지 2센티미터이며 양면에 긴 거친 털이 빽빽히 나 있고 가장자리에는 4 내지 8쌍의 큰 톱니가 있다.

　두화는 5월에서 6월에 가지 끝에 달리며 지름은 3센티미터이고 황색으로 민들레 꽃을 닮았다. 총포 조각은 3줄로 겹쳐서 배열되며 설상화에는 끝이 5개의 톱니가 있고 황색이다. 꽃턱에 있는 비늘 조각은 길이가 1.5센티미터로 막질이다.

가시상추(국화과)
Lactuca scariola L.

원산지는 유럽으로 1980년에 알려진 식물이다. 지리적으로 북아메리카와 아시아 등지에 분포하며 국내에서는 중부 지방에서 발견되었는데 빠른 속도로 번져 현재 남부 지방에까지 미치고 있다.

한해 또는 두해살이풀이다. 줄기는 높이가 20 내지 80센티미터이고 단단하며 위쪽에서 가지를 친다. 잎은 긴 타원형으로 길이 10 내지 20센티미터, 너비 2 내지 7센티미터로 톱니가 있거나 깃꼴로 분열된다. 잎새 뒷면 주맥(主脈)에 가시가 열지어 나고 잎 가장자리에도 작은 가시기 있다.

꽃은 7 내지 9월에 피며 원추 꽃차례를 이루고 두화는 1.2센티미터의 지름에 황색이다. 총포는 원통형이며 높이는 6 내지 9밀리미터이다. 설상화는 끝에 5개의 톱니가 있다. 씨는 긴 타원형이며 표면에 가시 모양의 털이 있고 4 내지 8밀리미터 길이의 부리 모양의 돌기가 있다. 끝에 있는 갓털은 흰색이다.

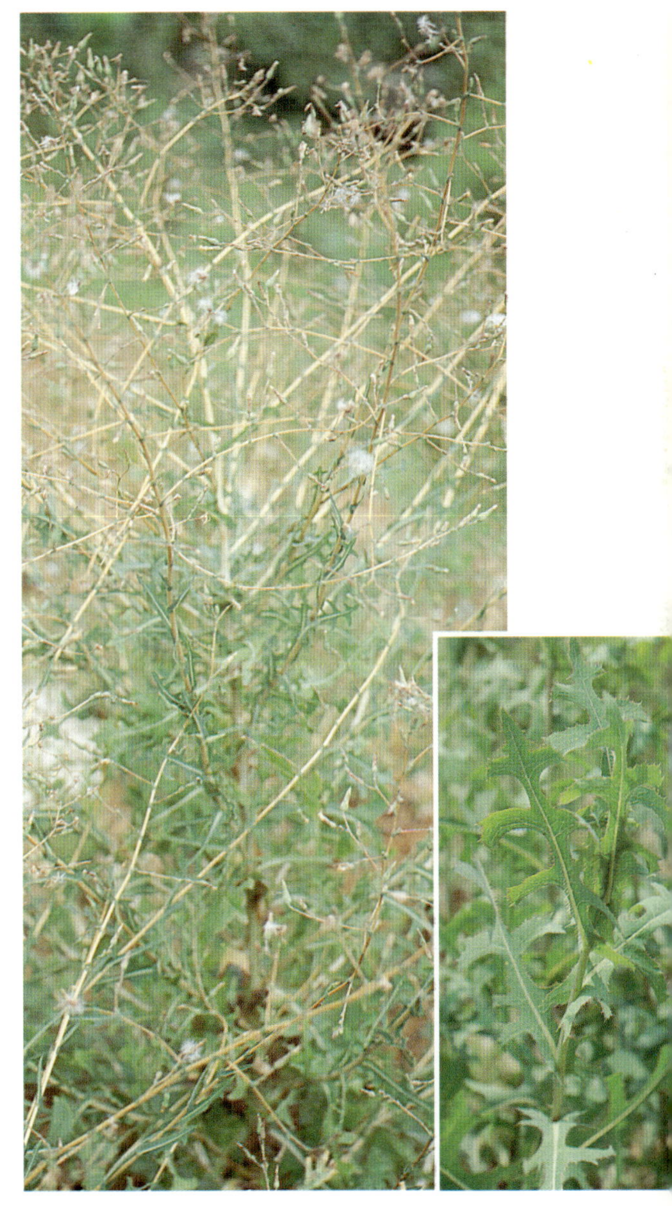

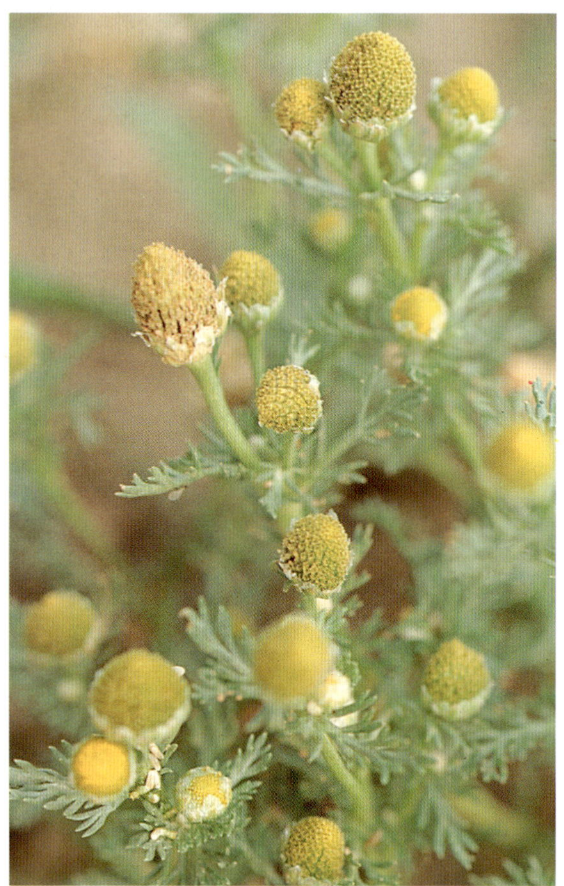

족제비쑥(국화과)
Matricaria matricarioides
PORTER.

동북아시아 원산이며 우리나라에는 광복을 전후하여 들어온 식물이다. 지리적으로 북아메리카와 아시아에 분포하며 국내에서는 중부 및 남부 지방의 빈터, 냇가, 모래땅 등지에 자란다.

한해살이풀이며 줄기의 높이는 5 내지 40센티미터이고 기부에서 가지를 친다. 잎은 어긋나기이며 잎자루는 없고 잎새의 윤곽이 도피침형으로 2 내지 3회 깃꼴로 전열(全裂)을 하며 열편은 선형으로 너비가 0.3 내지 0.6밀리미터이다. 잎줄기의 기부가 약간 부풀어올라 커진다.

꽃은 5월에서 8월에 가지 끝에 한 개씩 피며 두화 지름은 6 내지 8밀리미터이다. 설상화가 없고 통상화로 이루어졌으며 엷은 황색 또는 황록색이다. 총포는 반구형이며 총포 조각은 5 내지 7 밀리미터 길이에 흰색의 막질이 가장자리를 이룬다. 통상화는 끝에 4개의 톱니가 있고 갓털은 관 모양이다.

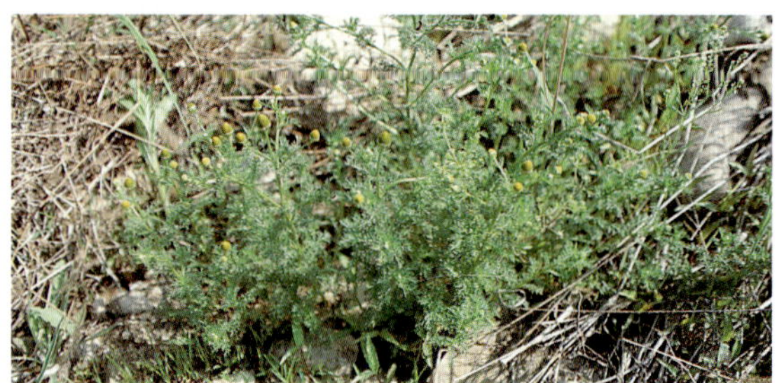

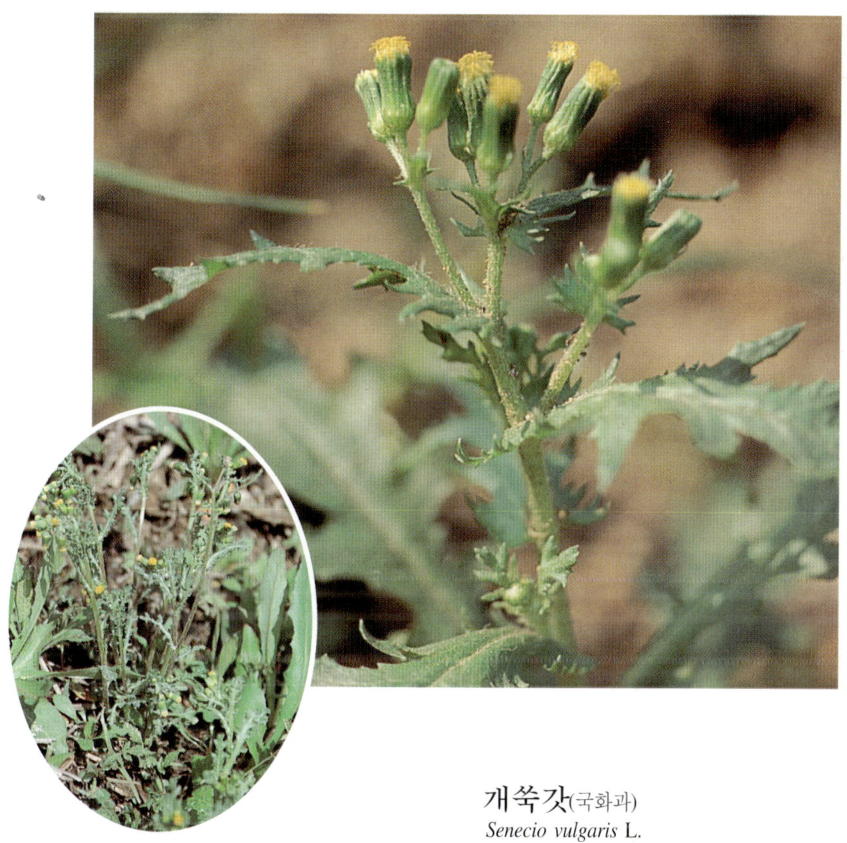

개쑥갓(국화과)

개쑥갓(국화과)

Senecio vulgaris L.

　유럽 원산으로 1910년대에 들어온 식물이다. 지리적으로 북아메리카와 아시아 등지에 분포하며 국내에서는 전국의 빈터, 인가 근처, 제방, 밭, 밭둑에 자라고 있다.

　한해살이풀로 전체에 거의 털이 없고 줄기의 높이는 20 내지 40센티미터이며 곧게 선다. 속이 비었고 가지를 많이 친다. 잎에는 잎자루가 있고 잎새의 윤곽이 주걱형이며 길이는 3 내지 5센티미터이고 너비는 1 내지 2.5센티미터로 불규칙하게 깃꼴로 분열되고 가장자리에는 톱니가 있다.

　꽃은 4월에서 10월에 걸쳐 피며 많은 두화가 피고 황색이며 통상화로만 이루어졌다. 지름은 6 내지 8밀리미터이다. 총포는 둥근 기둥꼴이며 총포 조각은 2줄로 배열된다. 안쪽 총포 조각의 길이는 6 내지 7밀리미터이고 바깥쪽 총포 조각의 길이는 2.5밀리미터이다. 통상화는 끝이 5개로 갈라지며 갓털은 흰색이다.

양미역취(국화과)

Solidago altissima L.

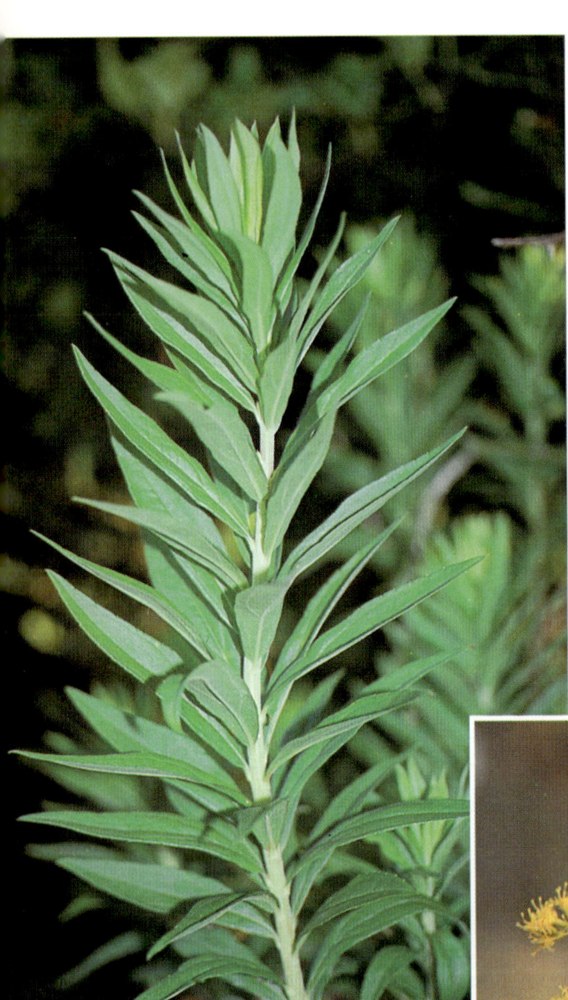

북아메리카 원산이며 1980년대에 알려진 식물이다. 지리적으로 아시아에 분포하며 국내에서는 남부 지방에 자라고 있다. 일본에서는 너무 번성하여 강해초로 분류되고 있으나 최근 밀원 식물로 이용되고 있다. 조건이 좋은 곳에서는 한 포기에 100만 개의 씨가 생긴다는 보고가 있다.

여러해살이풀이다. 줄기의 높이는 1 내지 2.5미터이고 단단하며 털이 있다. 잎은 어긋나기이며 잎새는 피침형으로 길이는 3 내지 10센티미터이고 너비는 3 내지 14밀리미터이며 상반부 가장자리에 톱니가 있다. 잎새의 질이 단단하고 거친 털이 있어 껄끄럽다.

9월에서 10월에 줄기 끝에 10 내지 50센티미터 길이의 거대한 원추 꽃차례가 생기며 두화가 한쪽에 달린다. 두화 높이는 3.5 내지 5밀리미터이고 황색이다. 총포는 원통형으로 3 내지 4밀리미터의 높이이며 설상화는 암꽃이고 암술머리가 길게 돌출된다. 통상화는 양성이다.

114

미국미역취(국화과)

Solidago serotina AIT.

북아메리카 원산이며 1980년대에 알려진 식물이다. 지리적으로 유럽과 아시아 등지에 분포하며 국내에서는 제주도와 남부 지방에 자라고 있다.

여러해살이풀이다. 줄기의 높이는 50 내지 150센티미터이고 단단하고 털이 없으며 가지 끝에만 작은 털이 있다. 잎새는 피침형으로 길이는 3 내지 10센티미터이고 너비는 2.5 내지 15밀리미터이며 3개의 맥이 보인다. 양끝이 뾰족하고 상반부에 톱니가 뚜렷하다.

꽃은 8월에서 9월에 피며 양미역취보다 꽃피는 시기가 빠르다. 줄기 끝에 거대한 원추 꽃차례가 생기며 두화의 높이는 4 내지 6밀리미터이고 황색이며 옆으로 퍼지거나 아래를 향해 굽은 가지에 다수의 꽃이 한쪽에 핀다. 설상화는 7 내지 15개로 혀 모양의 부위가 양미역취보다 약간 넓으며 암술머리가 조금 돌출된다.

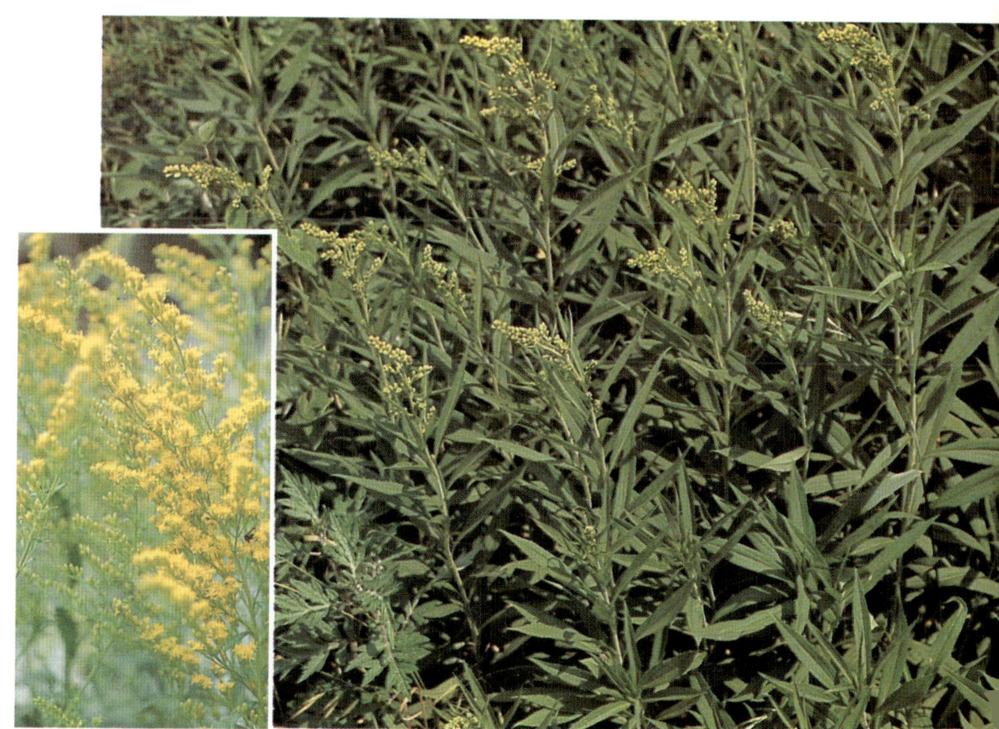

큰방가지똥(국화과)
Sonchus asper HILL.

    원산지는 유럽이며 1921년 울릉도에 들어온 기록이 있는데 지금은 전국으로 번져 인가 근처와 빈터, 밭, 제방 등지에 자라고 있다. 지리적으로 북아메리카와 열대아메리카, 남아메리카, 아시아 등지에 분포한다.

    한해살이풀이다. 줄기의 높이는 50 내지 100센티미터이고 속이 비었다. 잎에는 잎자루가 없고 긴 타원형이며 기부가 귓바퀴 모양이 되어 줄기를 싸고 이형 열편(耳形裂片)은 둥글다. 잎 가장자리에는 크기가 다른 불규칙한 가시 모양의 톱니가 있다. 꽃은 5월에서 10월에 피며 꽃자루에 샘털이 있고 두화는 황색이며 2센티미터 지름에 설상화로만 이루어졌다. 총포 조각은 2줄로 배열되었고 털이 없으나 성기게 샘털이 난다. 씨는 2.5밀리미터의 길이에 세로로 맥이 있고 갓털은 흰색이며 여러 개가 있다.

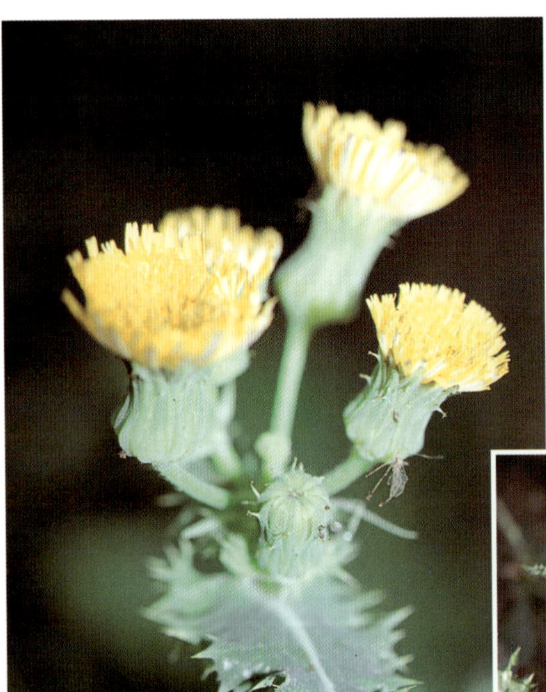

만수국아재비(국화과)

Tagetes minuta L.

남아메리카 원산이며 1970년대에 들어온 식물이다. 지리적으로 열대아메리카와 유럽, 아시아 등지에 분포하는데 국내에서는 제주도와 남부 지방의 빈터, 냇가, 제방 등지에 자라고 있다.

한해살이풀이며 냄새가 난다. 줄기의 높이는 20 내지 100센티미터이고 곧추서며 가지를 많이 친다. 잎은 마주나기이고 잎새는 깃꼴로 분열을 한다. 열편은 5 내지 15개이고 선상 피침형이며 길이 1.5 내지 4센티미터, 너비 1.5 내지 4밀리미터에 가장자리에 톱니가 있고 선점이 있다.

꽃은 7월에서 9월에 피며 산방 꽃차례를 이룬다. 두화는 둥근 기둥꼴로 엷은 황색이다. 총포는 길이가 8 내지 14밀리미터이고 폭이 2 내지 3밀리미터이며 살색 선점이 있다. 설상화는 황색으로 끝이 3갈래이다. 통상화는 3 내지 5개이고 갓털은 비늘 모양이며 씨는 6.5 내지 7밀리미터의 길이에 선형이다.

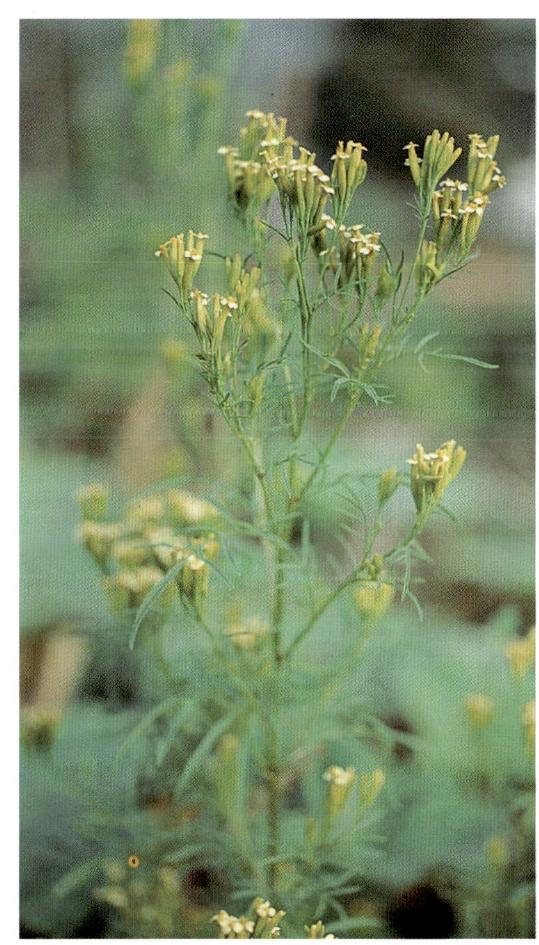

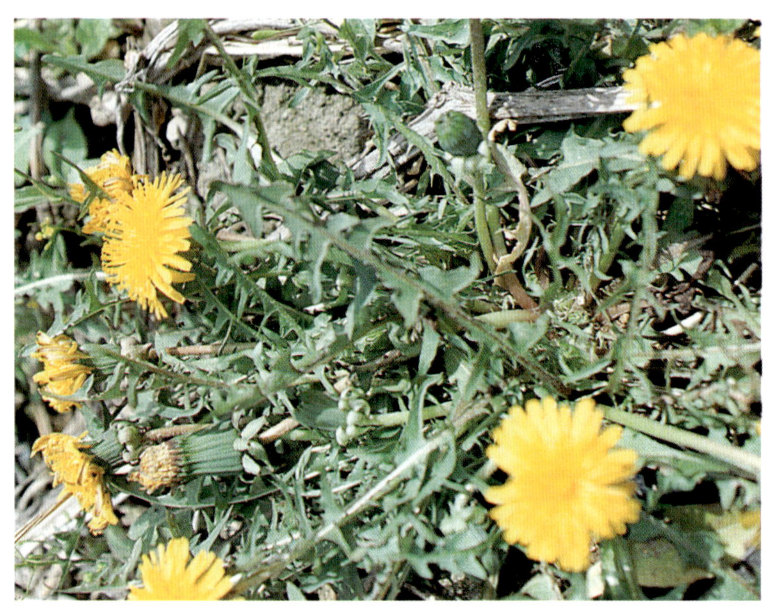

붉은씨서양민들레(국화과)
Taraxacum laevigatum Dc.

유럽 원산이며 1987년에 처음 알려진 식물이다. 지리적으로 북아메리카와 일본 등지에 분포하며 국내에서는 서울을 중심으로 중부 지방의 빈터, 길가, 공원, 인가 근처에 자란다. 서양민들레와 함께 대기 오염이 많은 곳에서 자란다.

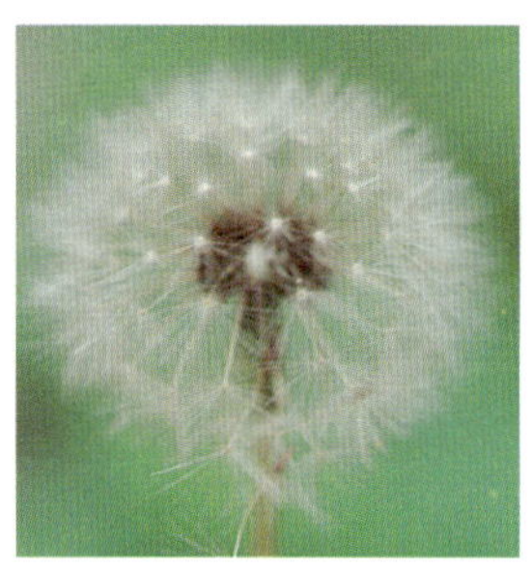

여러해살이풀이고 잎은 모두 뿌리에서 생긴 잎이며 8 내지 15센티미터 길이에 깊게 아래를 향하는 톱니가 있고 깃꼴 분열을 한다. 열편은 삼각형으로 피침형이다.

4월에서 6월에 꽃이 피며 두화는 지름이 2.5 내지 3센티미터이고 황색이며 70 내지 90개의 설상화만으로 이루어진다. 총포 조각 가운데 겉에 있는 것은 보통 뒤로 굽어서 아래를 향한다. 씨는 방추형이며 적색 또는 적갈색이고 갓털은 오백색(汚白色)이다.

서양민들레(국화과)
Taraxacum officinale WEBER.

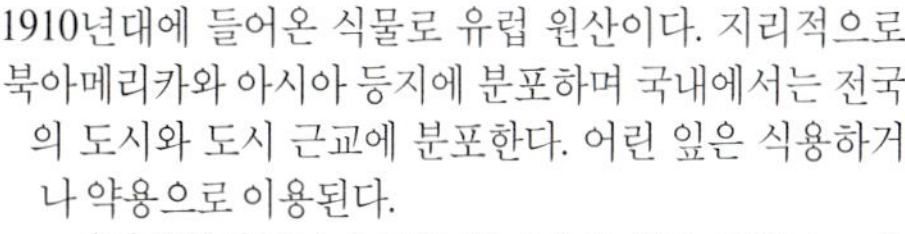

1910년대에 들어온 식물로 유럽 원산이다. 지리적으로 북아메리카와 아시아 등지에 분포하며 국내에서는 전국의 도시와 도시 근교에 분포한다. 어린 잎은 식용하거나 약용으로 이용된다.

여러해살이풀이며 잎은 뿌리에서 생긴 잎뿐이고 윤곽이 긴 타원형으로 깃꼴 분열을 하고 조각은 삼각형으로 아래를 향해 달린다. 잎새의 길이는 7 내지 25센티미터이고 너비는 1.5 내지 6센티미터이다.

꽃은 3월에서 9월에 피며 두화는 양성으로 지름이 2 내지 5센티미터이고 150 내지 200개의 설상화로 이루어지며 황색이다. 재래종인 민들레보다 꽃이 작고 설상화의 수가 많고 외총포 조각이 뒤로 접혀져 아래를 향하는 점이 다르다. 또한 붉은씨서양민들레에 비하여 씨의 색이 갈색이고 갓털은 백색이다.

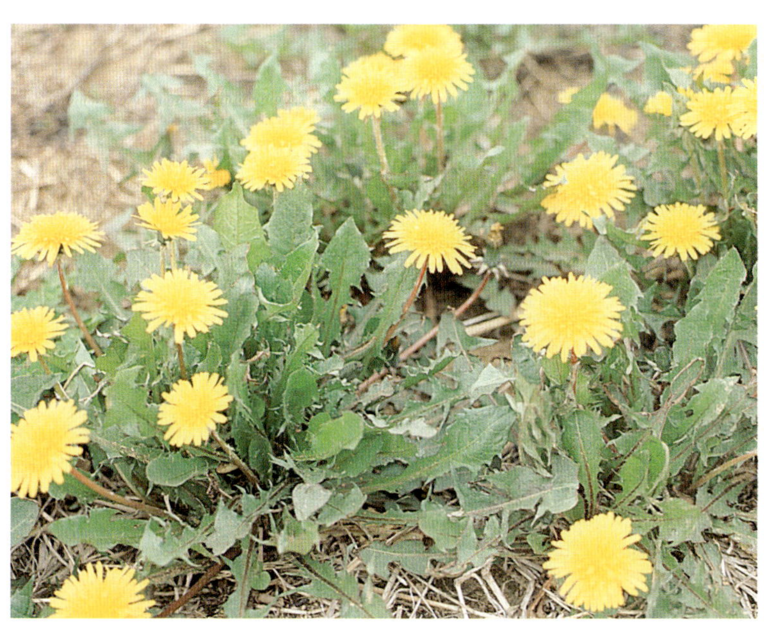

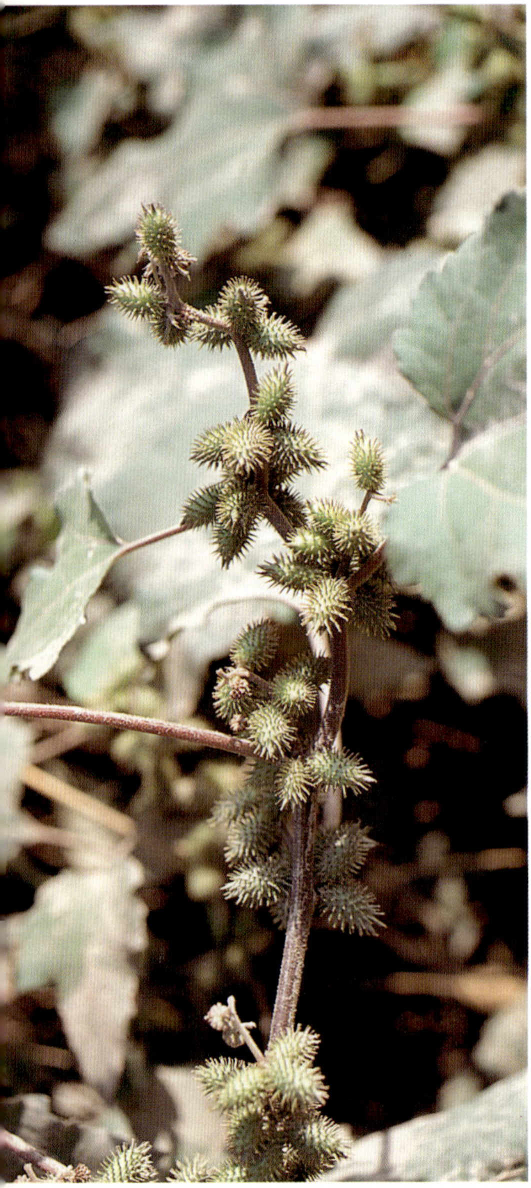

큰도꼬마리 (국화과)
Xanthium canadense MILL.

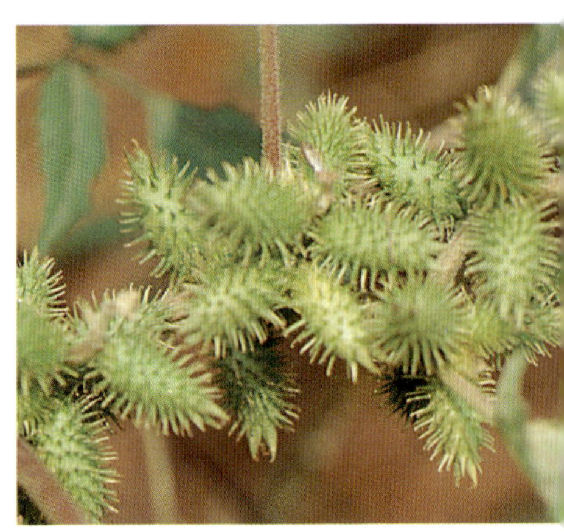

북아메리카 원산이며 1972년에 알려진 식물이다. 일본에도 귀화되었으며 국내에서는 춘천, 서울의 난지도와 충청남도 예산에 자라고 있으며 점차 주변으로 확산되고 있다.

한해살이풀이다. 줄기는 높이가 50 내지 200센티미터이고 표면이 거칠고 반점이 있다. 잎은 어긋나기이며 6 내지 12센티미터 길이의 잎자루가 있고, 잎새는 알꼴로 3열편으로 얕게 갈라지며 3맥이 뚜렷하다. 잎 가장자리에는 크기가 다른 톱니가 있고 표면은 거칠다.

8월에서 9월에 꽃이 피며 원추 꽃차례를 이루고 위쪽에 수꽃, 아래쪽에 암꽃이 핀다. 수꽃의 두화는 둥글며 꽃차례의 위쪽에 피고 암꽃은 수꽃 밑에 달린다.

열매는 길이가 2 내지 2.5센티미터이고 폭이 1 내지 1.8센티미터이며 표면에 사마귀 같은 돌기가 있다. 3 내지 6밀리미터 길이의 가시가 빽빽하게 퍼져 있다.

가시도꼬마리
(국화과)
Xanthium italicum MORE.

남아메리카와 북아메리카,
유럽 등지에 널리 분포하며 원
산지는 어디인지 잘 알려져 있
지 않다. 국내에는 1980년에
알려진 식물이며 중부와 남부
지방 하천가와 서울의 난지도
에 자라고 있다.

한해살이풀이며 줄기는 높
이가 40 내지 120센티미터로
흑자색의 반점이 있다. 잎은
어긋나기이며 6 내지 12센티
미터 길이의 긴 잎자루가 있
고, 잎새는 넓은 알꼴이며 3개
의 열편으로 가볍게 갈라지고
3맥이 뚜렷하다. 잎 가장자리
에는 톱니가 있고 표면이 특별

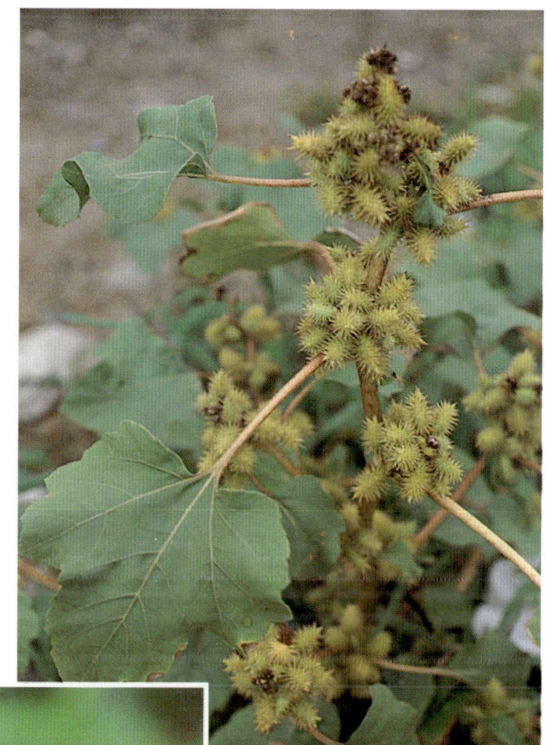

히 거칠다.

8월에서 9월에 꽃이 피며
수꽃은 둥글고 꽃차례의 위
쪽에 달린다. 암꽃은 수꽃 아
래에 밀집해서 달린다. 큰도
꼬마리와 비슷하나 열매 표
면에 사마귀 같은 돌기가 없
고 길이가 4 내지 7밀리미터
정도 되는 가시가 있는데 그
가시에 비늘 조각(鱗片) 모
양의 털이 있는 점이 다르다.

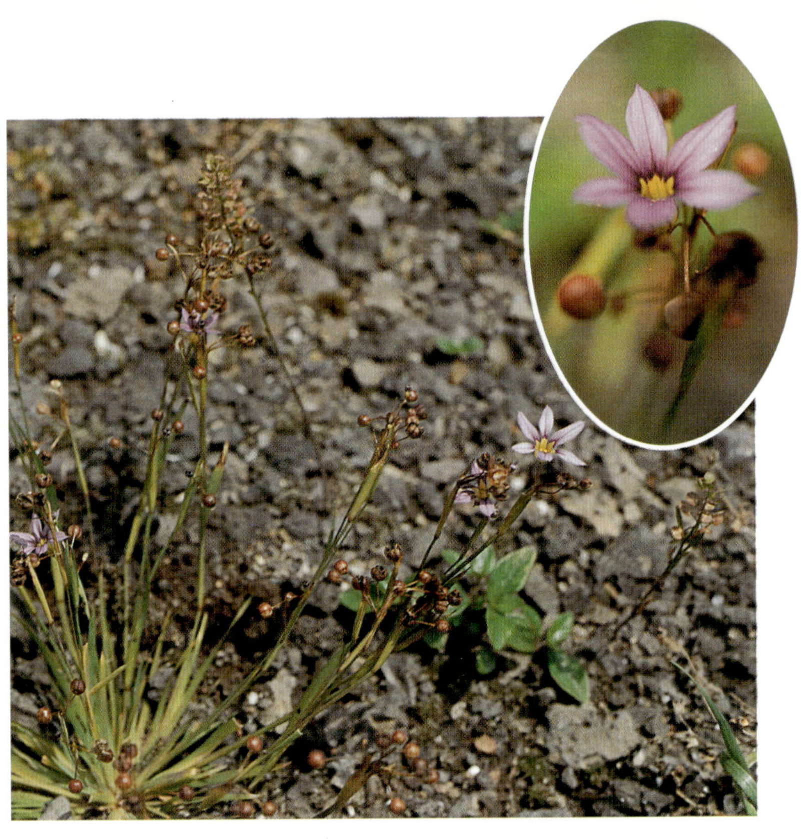

등심붓꽃(붓꽃과)
Sisyrinchium atlanticum BICKN.

　북아메리카 원산이며 우리나라에는 광복을 전후하여 들어온 식물이다. 지리적으로 일본과 대만에 분포하며 국내에서는 제주도의 길가나 잔디밭에 자라고 있다.

　여러해살이풀로 줄기의 높이는 10 내지 20센티미터이며 좁은 날개가 달린다. 줄기는 편평하며 녹색이다. 잎은 선형이고 칼 모양이며 길이는 4 내지 8센티미터이고 너비는 2 내지 3밀리미터이다. 가장자리에는 미세한 톱니가 있고 기부는 줄기를 둘러싼다.

　4월에서 6월에 꽃이 피며 청자색 또는 백자색이고 지름이 1센티미터 안팎으로 가지 끝에 달린다. 꽃덮개는 6개이며 도란상 피침형이다. 겉꽃덮개〔外花被〕에는 5맥, 속꽃덮개에는 3맥의 자주색 줄이 있고 아래쪽은 황색이다. 수술은 3개로 하반부가 붙어서 주머니꼴을 하고 노랑색의 샘털이 빽빽히 난다. 열매는 공 모양이며 지름이 3밀리미터 정도로 광택이 있다.

염소풀(벼과)

Aegilops cylindrica HOST.

　유럽 원산이며 1993년에 알려진 식물이다. 지리적으로 북아메리카와 서아시아, 일본, 중국 등지에 분포하며 국내에서는 수인 산업 도로에서 처음 발견이 되었으나 최근에는 서울의 중랑천과 인천의 백석동에도 자라고 있다.

　한해살이풀이다. 줄기는 뭉쳐 나며 높이는 20 내지 60센티미터이다. 잎집에는 털이 없으나 구부(口部)에 흰 털이 있고 잎혀〔葉舌〕는 높이가 1밀리미터이고 잎새는 길이가 5 내지 10센티미터이고 너비가 2밀리미터이다.

　꽃은 6월에 피며 수상 꽃차례는 둥근 기둥꼴이며 길이는 6 내지 10센티미터, 폭은 3밀리미터이고 5 내지 6개의 마디가 있고 한 마디에 한 개의 작은이삭〔小穗〕이 달린다. 끝의 작은이삭에는 3 내지 5센티미터 길이의 까끄라기〔芒〕가 4개 정도 있다. 작은이삭은 길이가 1센티미터이고 작은꽃은 두껍고 딱딱한 포영(苞穎)에 덮여 있다. 씨가 익으면 꽃차례의 마디가 갈라지면서 작은이삭이 부착된 채로 떨어진다.

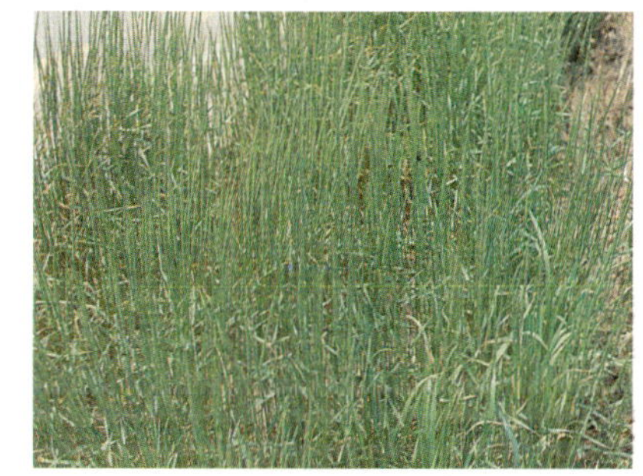

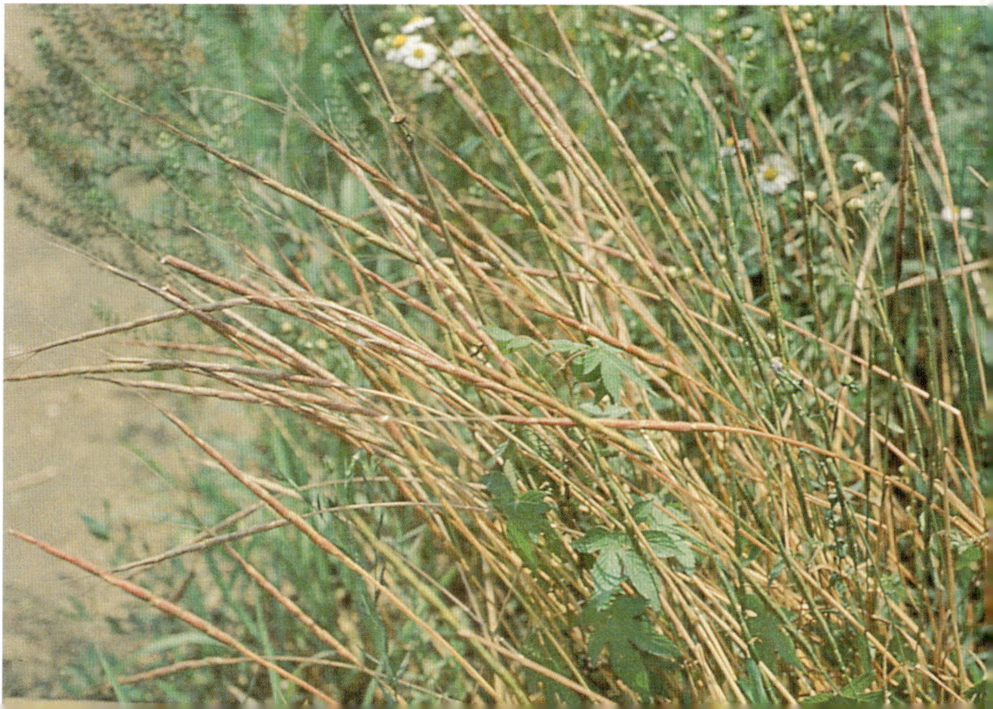

구주개밀(벼과)
Agropyron repens BEAUV.

유럽 원산이며 우리나라 개항 이후 목초로 수입, 재배되던 것이 최근 전국 각지에 자라고 있다. 지리적으로 북아메리카와 동아시아에 분포한다.

여러해살이풀로 지하에 긴 뿌리줄기가 있다. 줄기는 높이가 40 내지 90센티미터로 곧게 선다. 잎집은 털이 없고 구부에 초승달 모양의 잎귀〔葉耳〕가 있고 잎혀는 높이가 1밀리미터이다. 잎새는 길이가 5 내지 15센티미터이고 너비가 3 내지 8밀리미터이다.

꽃은 6월에서 7월에 피며 7 내지 15센티미터 길이의 수상 꽃차례를 이룬다. 작은이삭은 길이가 1 내지 2센티미터이고 포영이 두 개씩 있고 2줄로 배열한다. 작은이삭에는 5 내지 7개의 작은꽃이 있으며 두 개의 포영은 길이가 같고 5 내지 7개의 맥이 있다. 호영(護潁)은 7 내지 11밀리미터 길이로 피침형이며 5개의 맥이 있다.

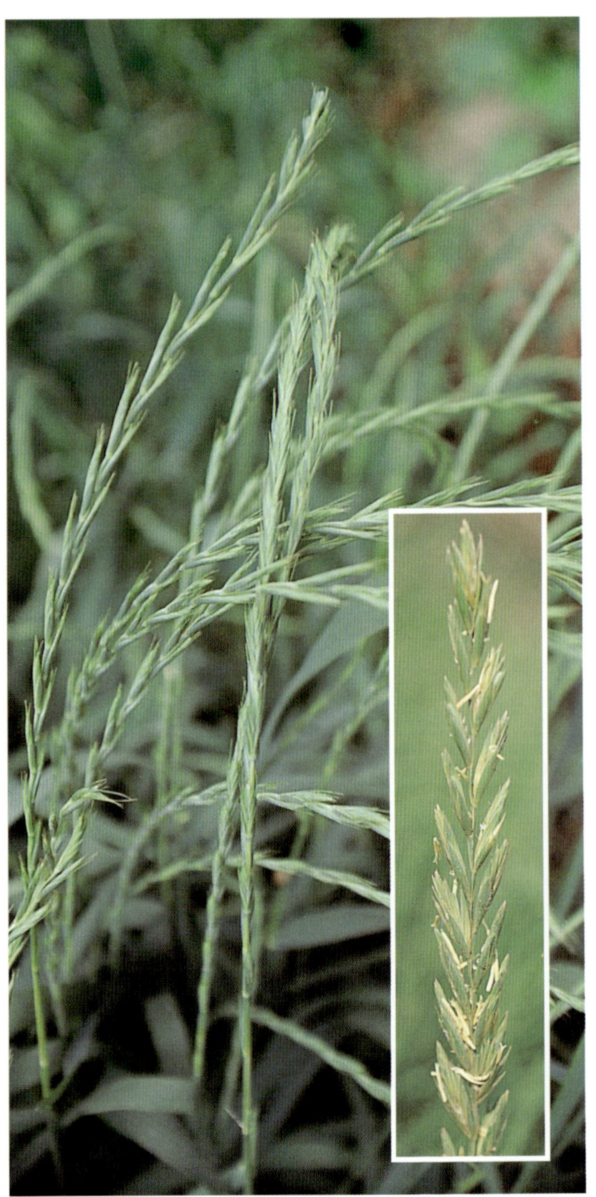

쥐꼬리 뚝새풀 (벼과)
Alopecurus myosuroides HUDS.

유럽과 온대아시아 원산이며 1994년에 알려진 식물이다. 지리적으로 북아메리카와 일본에 분포하며 국내에서는 최근 인천에 자라고 있다.

한해살이풀로 줄기의 높이는 20 내지 50센티미터이고 4개의 마디가 있다. 잎집은 둥글고 녹색이며 간혹 엷은 자색을 띠기도 한다. 잎혀는 백색 막질로 길이는 2 내지 4밀리미터이고 잎새는 길이는 5 내지 15센티미터, 너비는 3 내지 6밀리미터로 딜이 없고 녹색이다.

꽃은 5월에서 6월에 피며 원주 꽃차례를 이루는네 끝이 뾰족하다. 작은이삭은 길이가 5밀리미터이며 납작하고 1개의 작은꽃이 들어 있다. 포영 2개는 기부에서 중간까지 융합되어 있고 같은 크기이다. 3맥이 있으며 중앙 맥을 경계로 강하게 접혔고 중앙 맥에 좁은 날개와 털이 있다. 호영의 중앙 맥은 기부에서 분리되어 긴 까끄라기를 만든다.

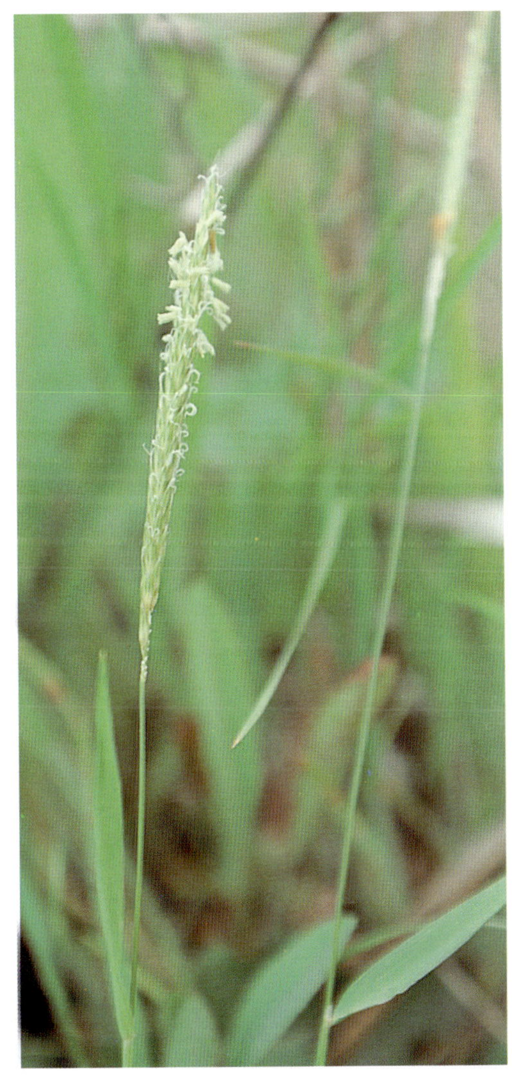

메귀리 (벼과)
Avena fatua L.

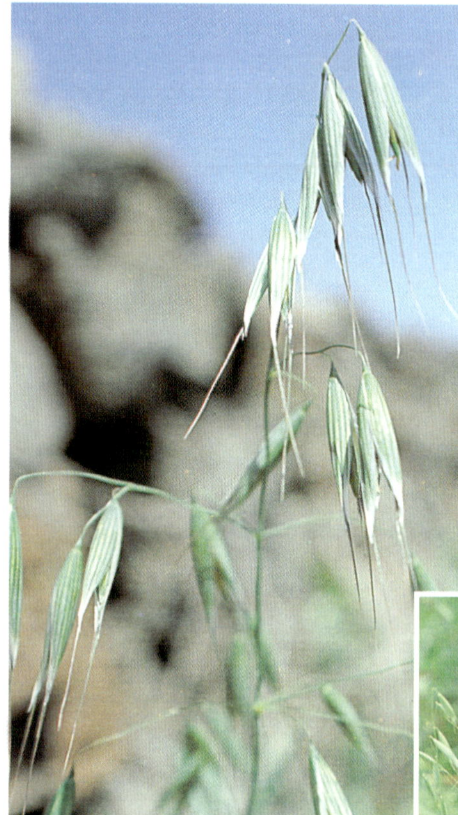

유럽과 서아시아, 북아프리카 원산이며 우리나라의 개항 이후 들어온 식물이다. 지리적으로 북아메리카와 아시아에 널리 분포하며 국내에서는 전국의 길가, 빈터, 농경지에 자라는 잡초이다.

두해살이풀이다. 줄기는 높이가 30 내지 100센티미터이고 뭉쳐 난다. 잎집은 원통형으로 기부까지 갈라지며 잎혀는 길이가 4밀리미터이다. 잎새의 길이는 10 내지 30센티미터이고 너비는 7 내지 10밀리미터이다.

꽃은 5월에서 6월에 피고 원추 꽃차례를 이루며 길이는 15 내지 30센티미터이고 가지는 길며 여러 개가 돌려나기를 한다. 작은이삭은 길이가 1.5 내지 2.5센티미터로 대개는 3개의 작은꽃이 있으며 아래를 향하여 처진다. 포영은 넓은 피침형으로 양 옆이 막질이며 7 내지 10맥이 있다. 호영은 황갈색으로 타원형이고 3.5 내지 4센티미터 길이의 긴 까끄라기가 있다.

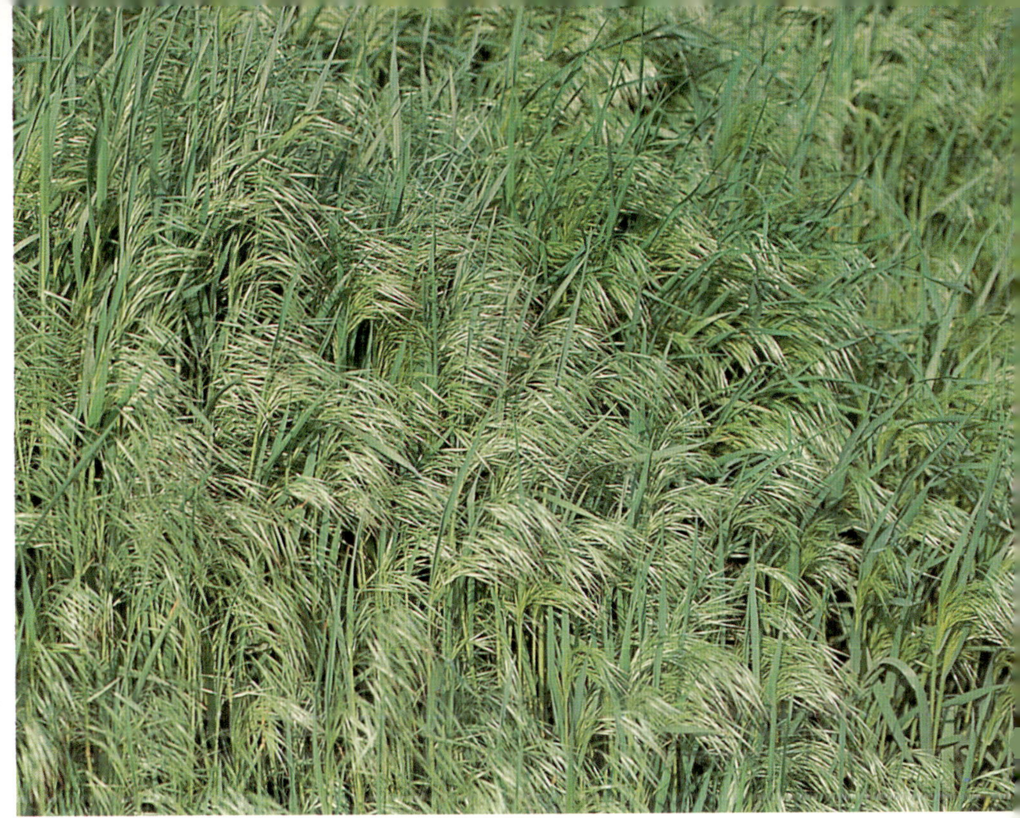

털빕새귀리(벼과)
Bromus tectorum L.

원산지는 유럽이며 1960년대에 알려진 식물이다. 지리적으로 북아메리카와 아시아 등지에 분포하며 국내에서는 중부와 남부 지방 각지의 도시 근교에서 자라고 있다. 일명 말귀리라고 도 부른다.

한해 또는 두해살이풀이며 식물체에 연한 털이 난다. 줄기의 높이는 30 내지 60센티미터이 고 잎집은 원통형이다. 아래를 향한 털이 많이 나고 잎혀는 높이가 3 내지 5밀리미터이며 잎새 는 길이가 5 내지 12센티미터, 너비가 2 내지 5밀리미터로 양면에 모두 털이 있다.

5월에서 7월에 꽃이 피고 원추 꽃차례는 10 내지 15센티미터 길이로 끝이 늘어지며 각 마디 에 2 내지 7개의 가지가 생기며 각 가지에 2 내지 7개의 작은이삭이 달린다. 작은이삭은 길이가 1.2 내지 2센티미터이며 5 내지 8개의 작은꽃으로 이루어진다. 제1포영에는 1맥이 있고 길이 는 5 내지 8밀리미터이며 제2포영은 3맥이고 길이는 7 내지 10밀리미터이다. 모두 표면에 성 긴 털이 있다.

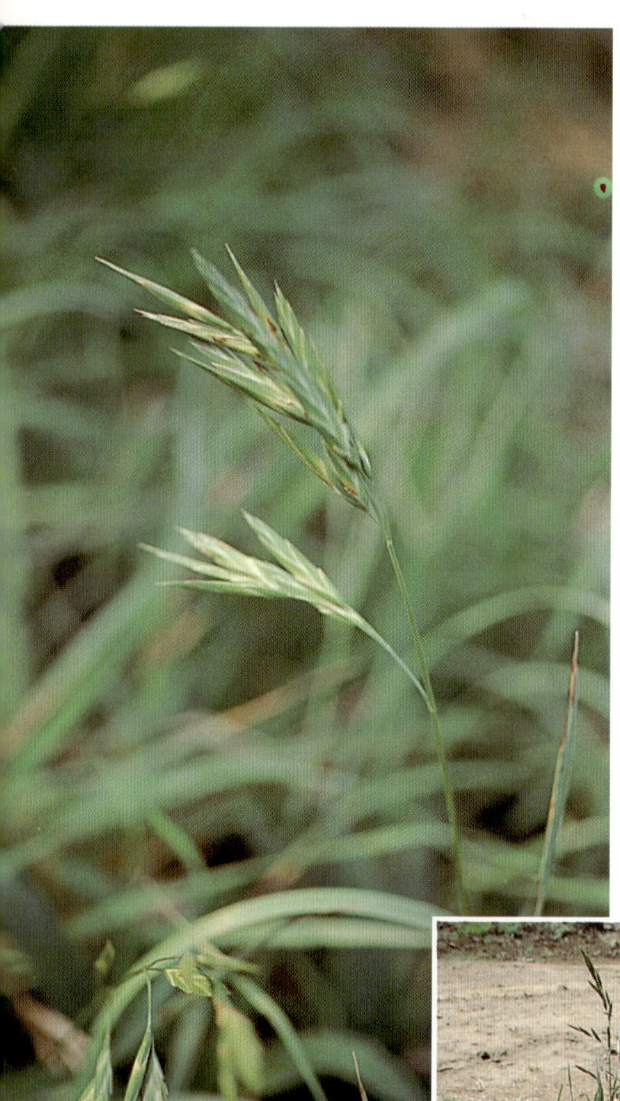

개보리
(벼과)

Bromus unioloides H. B. K.

　남아메리카 원산으로 목초로 재배되던 것이 자연으로 퍼져서 최근에는 제주도와 남부 지방의 길가, 밭둑, 제방 등지에 자라고 있으며 밭 잡초로 문제가 되고 있다.

　여러해살이풀이다. 줄기의 높이는 40 내지 100센티미터이며 털이 없고 진한 녹색이다. 잎집은 아래쪽에 털이 있고 위쪽의 것에는 없다. 잎혀는 높이가 3 내지 5밀리미터이며 잎새 길이는 15 내지 30센티미터이고 너비는 4 내지 10밀리미터로 털이 없다.

　꽃은 5월에서 7월에 피며 원추 꽃차례를 이룬다. 길이가 15 내지 20센티미터이고 한 마디에서 2 내지 4개의 가지가 생겨서 늘어지며 성기게 작은이삭이 붙는다. 작은이삭은 긴 타원형이고 3.5센티미터의 길이에 6 내지 10개의 작은꽃이 있고 납작하다. 제1포영은 3 내지 5맥이, 제2포영은 5 내지 7맥이 있고 모두 길이는 1센티미터 정도이다. 호영은 넓은 피침형이며 9 내지 11맥이고 길이는 1.3 내지 1.8센티미터이다.

고사리 새(벼과)

고사리 새(벼과)

Catapodium rigidum C. E. HUBB.

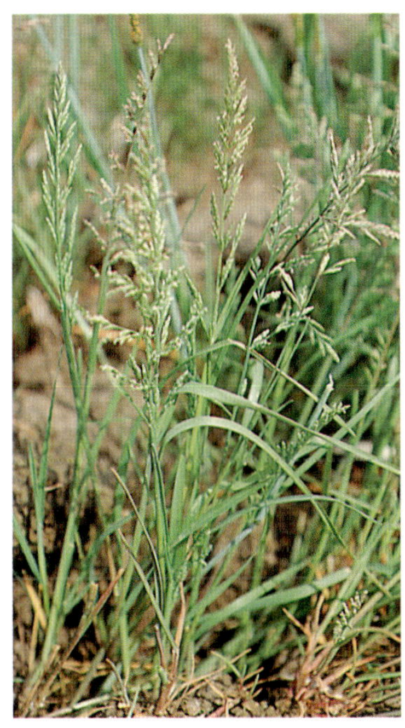 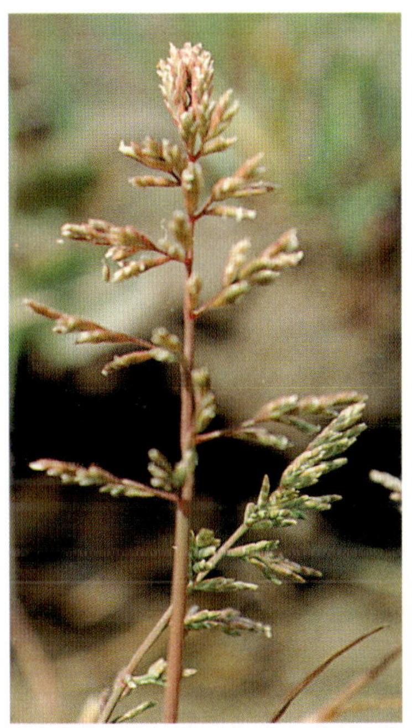

유럽 원산이며 1995년에 알려진 식물이다. 지리적으로 북아메리카와 일본에 분포하며 국내에서는 전라남도 광양시 황금동의 논에 독새풀과 함께 자라고 있으며 논 잡초로 중요한 위치를 차지할 것으로 보인다.

한해살이풀이며 줄기의 높이는 15 내지 40센티미터이고 곧추선다. 잎집은 잎새와 길이가 같고 잎혀의 높이는 1.5 내지 2밀리미터이고 잎새는 선형으로 길이는 4 내지 7센티미터이고 너비는 1.5 내지 2밀리미터이다.

꽃은 4월에서 5월에 피며 꽃차례는 단단하고 뭉쳐서 한쪽으로 치우친 원추 꽃차례를 이루는데 길이는 5 내지 10센티미터이고 폭은 2.5센티미터이다. 가지의 길이는 2센티미터에 이른다. 작은이삭의 길이는 5 내지 8밀리미터로 4 내지 10개의 작은꽃으로 이루어졌다. 제1포영은 길이가 1.5밀리미터로 1맥이 있고 제2포영은 2밀리미터의 길이로 3맥이 있다. 호영은 길이가 2 내지 3밀리미터이고 3맥이며 까끄라기가 없고 등이 둥글며 끝이 뾰족하거나 뭉툭하다.

129

오리 새(벼과)

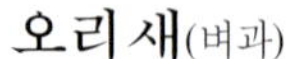

Dactylis glomerata L.

유럽과 서아시아 원산이며 1909
년에 알려졌다. 처음에는 목초로 재
배되었으나 지금은 전국의 길가나
빈터에 자라고 있다. 지리적으로 북
아메리카와 시베리아, 중국, 일본
등지에 분포한다.

여러해살이풀이며 줄기의 높이
는 50 내지 120센티미터이고 3 내지
5개의 마디가 있다. 잎혀는 높이가
7 내지 12밀리미터이고, 잎새는 길
이가 10 내지 40
센티미

터, 너
비가 5 내지 14
밀리미터이며 분녹색(紛綠色)이다.
6월에서 7월에 꽃이 피며 10 내지
30센티미터 길이의 원추 꽃차례를
이룬다. 가지는 한 개씩 생기며 아
래쪽은 길고 위쪽은 짧다. 작은이삭
은 가지 끝에 뭉쳐 나며 길이는 5 내
지 9밀리미터로 납작하고 3 내지 6
개의 작은꽃이 있다. 제1포영은 길
이가 3 내지 4밀리미터이고 1맥이
며 제2포영은 길이가 5 내지 6밀리
미터이고 3맥이다. 호영은 4 내지 7
밀리미터 길이에 5맥이며 중앙 맥
의 끝은 짧은 까끄라기로 변한다.

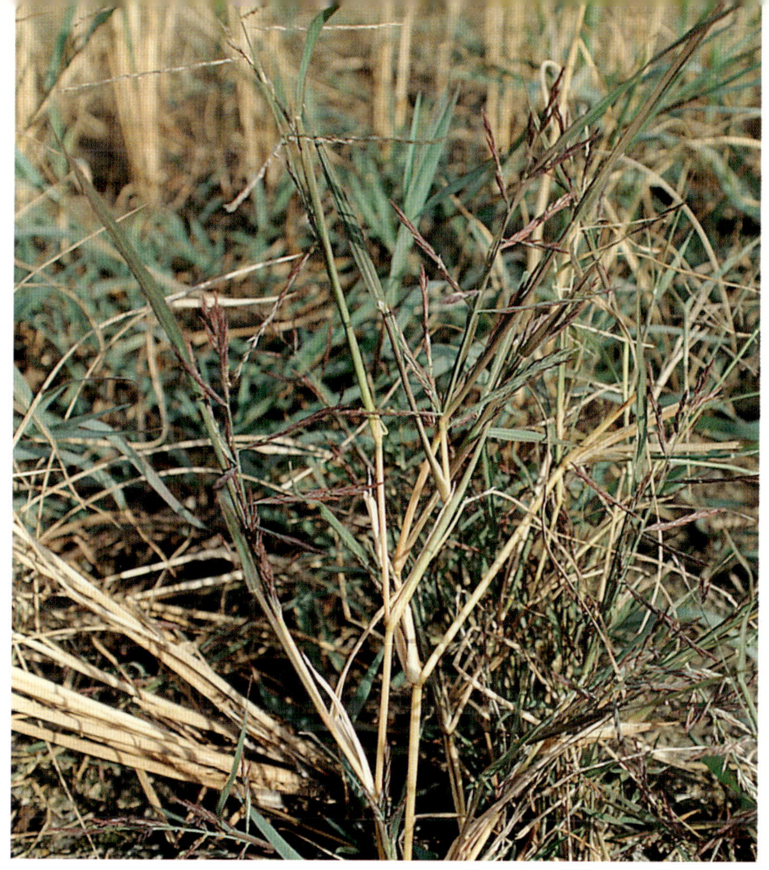

갯드렁새_(벼과)

Diplachne fusca BEAUV.

표준 산지는 팔레스타인이며 1993년에 알려진 식물이다. 지리적으로 아프리카와 아시아, 호주에 분포하며 국내에서는 서해안 매립지에 자라고 있고 논의 강잡초로 새로 등장했다.

한해살이풀이다. 줄기는 30 내지 80센티미터로 기부에서 많이 갈라진다. 잎집은 마디의 사이(節間)보다 길고 털이 없으며, 잎혀는 3 내지 4밀리미터의 높이로 끝이 갈라진다. 잎새는 길이가 20 내지 30센티미터이고 너비는 2 내지 5밀리미터이다.

꽃은 7월에서 9월에 피며 원추 꽃차례의 길이는 15 내지 25센티미터이다. 여러 개의 총(總)이 원줄기를 감으며 10 내지 15개의 작은이삭이 가지에 배열된다. 작은이삭은 피침형이며 길이는 5 내지 10밀리미터이고 8개 안팎의 작은꽃이 들어 있다. 제1포영은 길이가 2밀리미터이고 1맥이며 제2포영은 길이가 3밀리미터이고 1맥이 있다. 호영은 3맥이고 길이는 3.5 내지 4밀리미터로 끝에 4개의 톱니가 있다.

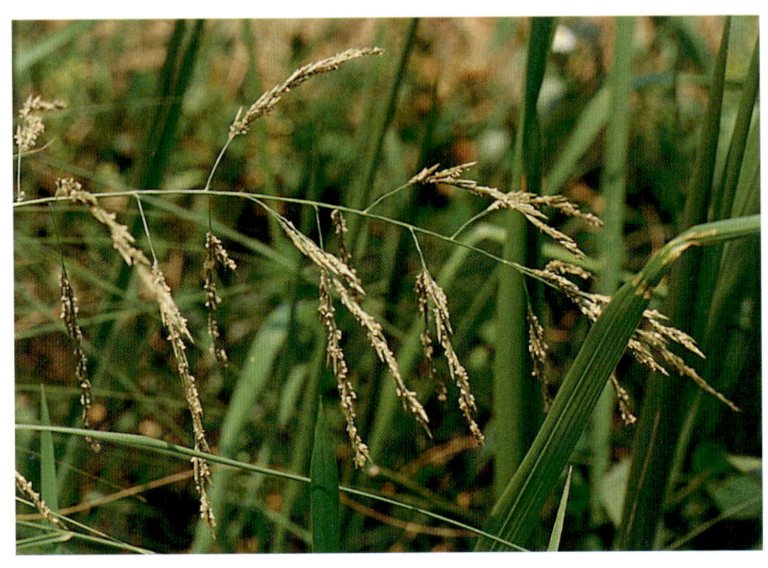

능수참새그령(벼과)
Eragrostis curvula Nees

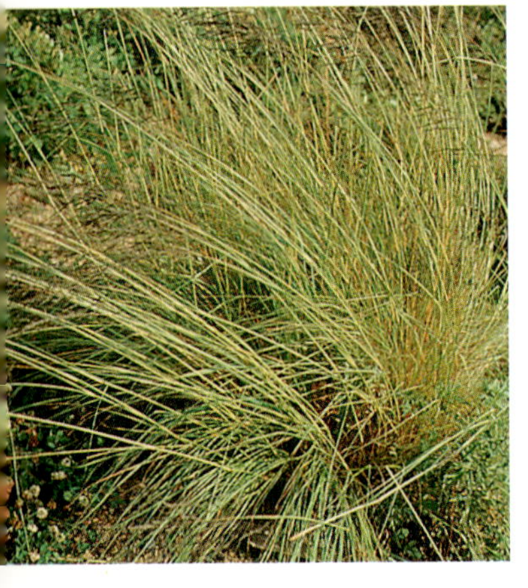

원산지는 남아프리카이며 1993년에 알려진 식물이다. 흙이나 모래가 무너져 내리는 것을 막기 위한 사방용으로 수입하여 재배를 하던 식물이 자연으로 퍼져 야생화되었다. 경기도 안산시, 금촌, 수인 산업 도로변 등 중부 지방에서 자란다.

여러해살이풀이며 줄기 높이는 60 내지 120센티미터이고 뭉쳐 난다. 잎집은 구부에만 털이 있고 잎혀에는 흔적만 있다. 잎새는 길이가 40 내지 60센티미터이고 너비는 1.5 내지 2밀리미터로 건조하면 위쪽으로 말려서 머리카락처럼 보인다.

꽃은 6월에서 7월에 피며 원추 꽃차례는 길이가 20 내지 30센티미터이고 가지는 옆으로 퍼지며 가지의 분기점에 백색 털이 있고 혹이 있다. 작은이삭은 납작하고 길이는 6 내지 10밀리미터이고 7 내지 11개의 작은꽃으로 이루어진다. 제1포영의 길이는 1.5밀리미터로 1맥이고 제2포영의 길이는 2 내지 5밀리미터로 1맥이다. 호영은 3맥이 있고 길이는 2.5밀리미터이다.

큰김의털(벼과)

Festuca arundinacea SCHREB.

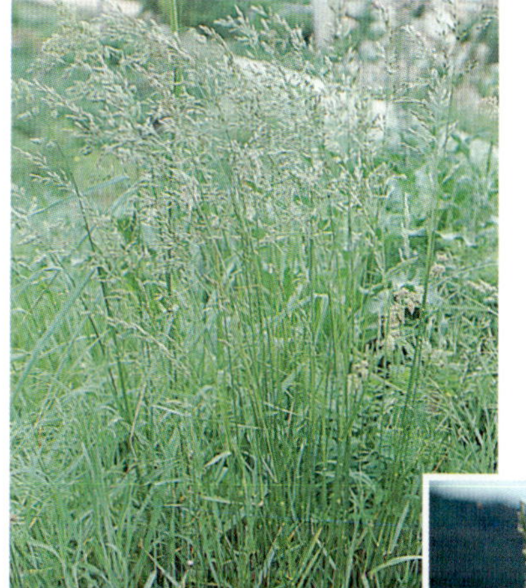

유럽 원산으로 1970년대에 알려진 식물이다. 지리적으로 북아메리카와 일본에 분포하며 사방용으로 들어온 뒤 전국의 길가나 하천 고수부지, 제방에 야생화되었다.

여러해살이풀이며 식물체가 몹시 거칠다. 줄기는 높이가 20 내지 50센티미터이고 곧게 뭉쳐서 자란다. 잎집은 둥글고 가느다란 잎귀가 있으며 잎혀는 높이가 1 내지 2밀리미터이다. 잎새의 길이는 10 내지 60센티미터이고 너비는 3 내지 10밀리

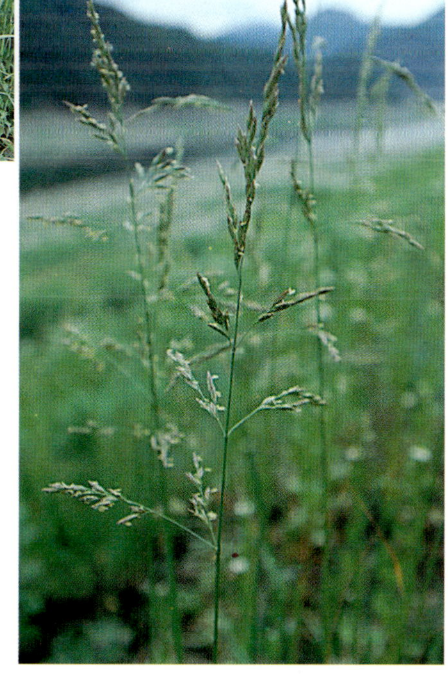

미터이다.

6월에서 8월에 꽃이 피며 원추꽃차례는 길이가 20 내지 50센티미터이다. 곧게 서거나 옆으로 약간 기울어지며 한 마디에 긴 가지와 짧은 가지가 생긴다. 작은이삭은 길이가 1 내지 1.5센티미터이고 5 내지 9개의 작은꽃이 들어 있으며 녹색이나 보라색을 띤다. 제1포영은 길이가 3.5 내지 6밀리미터이고 1맥이며 제2포영은 길이가 5 내지 7밀리미터로 3맥이다. 호영은 5맥이고 중앙 맥의 끝에 1 내지 3밀리미터 길이의 까끄라기가 있다.

들묵새(벼과)
Festuca myuros L.

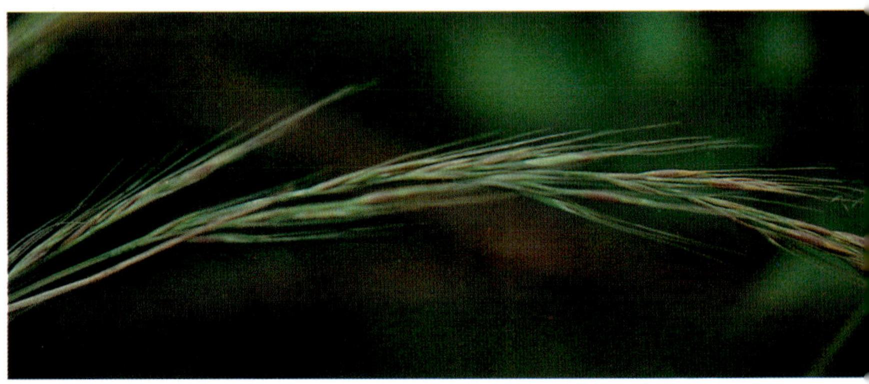

유럽 원산이며 우리나라에는 광복을 전후하여 들어온 식물이다. 지리적으로 북아메리카와 아시아 등 온대와 아열대 지방에 분포하며 국내에서는 중부와 남부, 제주도 등지 바닷가와 냇가에 무리지어 자라고 있다.

한해살이풀이며 줄기의 높이는 10 내지 70센티미터이고 기부에서 가지를 친다. 잎새는 길이가 2 내지 15센티미터이고 너비는 0.5 내지 2밀리미터이며 안쪽으로 말려서 실 모양을 이룬다. 잎혀의 높이는 1밀리미터 정도이다.

꽃은 6월에서 7월에 피며 원추 꽃차례의 길이는 15 내지 30센티미터이고 작은이삭은 엷은 녹색이다. 길이는 7 내지 10밀리미터이며 3 내지 7개의 작은꽃으로 이루어졌다. 제1포영은 길이가 1 내지 2밀리미터이며 1맥이고, 제2포영은 길이가 4 내지 8밀리미터이고 1 내지 3맥이 있다. 호영은 길이가 5 내지 7밀리미터로 희미한 5맥이 있고 끝에 5 내지 15밀리미터 길이의 까끄라기가 있다.

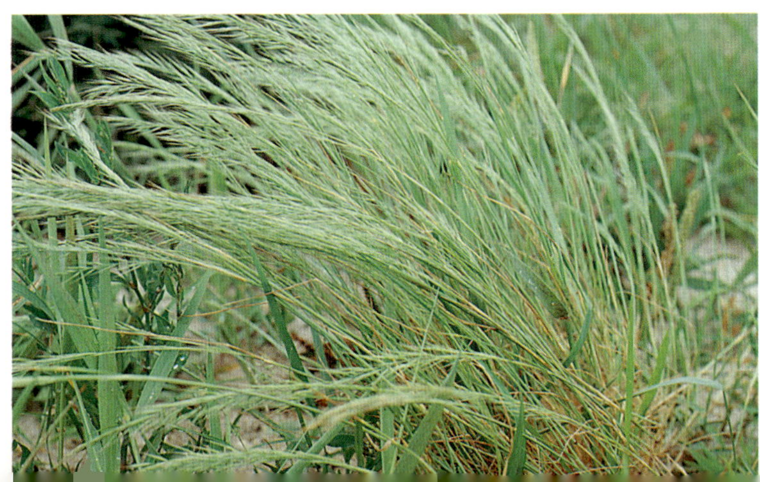

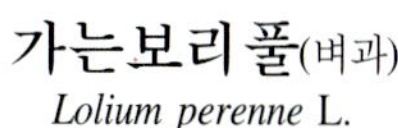

가는보리풀(벼과)
Lolium perenne L.

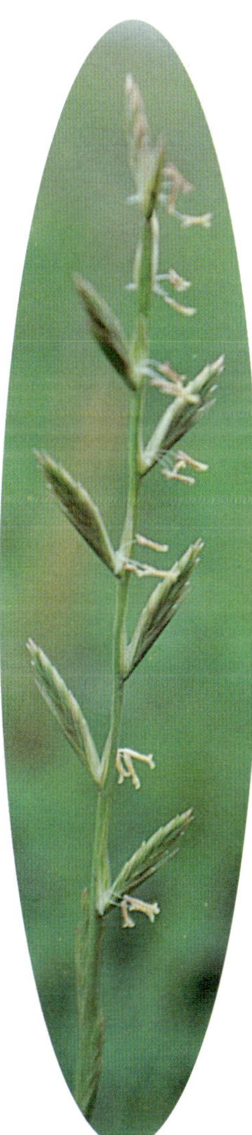

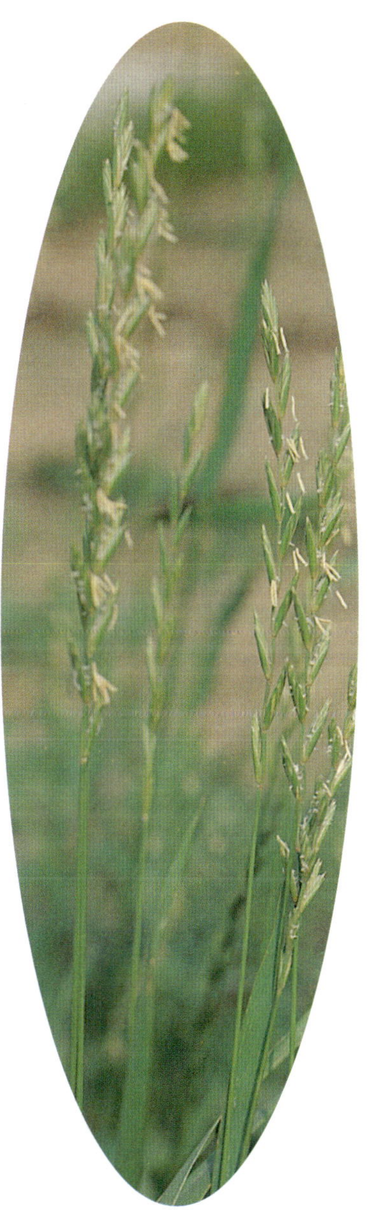

원산지는 유럽이며 6 · 25 동란 이후에 목초 또는 사방 용으로 들어와서 자연으로 퍼져 야생화되었다. 북아메 리카와 아프리카, 시베리아 를 포함한 아시아 등지에 귀 화되었다.

여러해살이풀이며 줄기 의 높이는 30 내지 90센티미 터이고 식물체에 털이 없다. 잎집은 둥글고 구부에 잎귀 가 있고, 잎혀의 높이는 1 내 지 2밀리미터이며 잎새는 길이가 3 내지 20센티미터 이고 너비가 2 내지 6밀리미 터이다.

꽃은 6월에서 9월에 피며 수상 꽃차례는 길이가 10 내 지 25센티미터이고 2열로 작은이삭이 배열되어 납작 하다. 작은이삭에는 자루가 없고 긴 타원형이며 길이는 0.7 내지 2센티미터로 6 내 지 14개의 작은꽃으로 이루 어진다. 포영은 1개이며 길 이는 작은이삭의 2분의 1이 고 5 내지 7맥이 있다. 호영 은 긴 타원형으로 등쪽이 둥 글고 5맥이 있으며 까끄라 기는 없다.

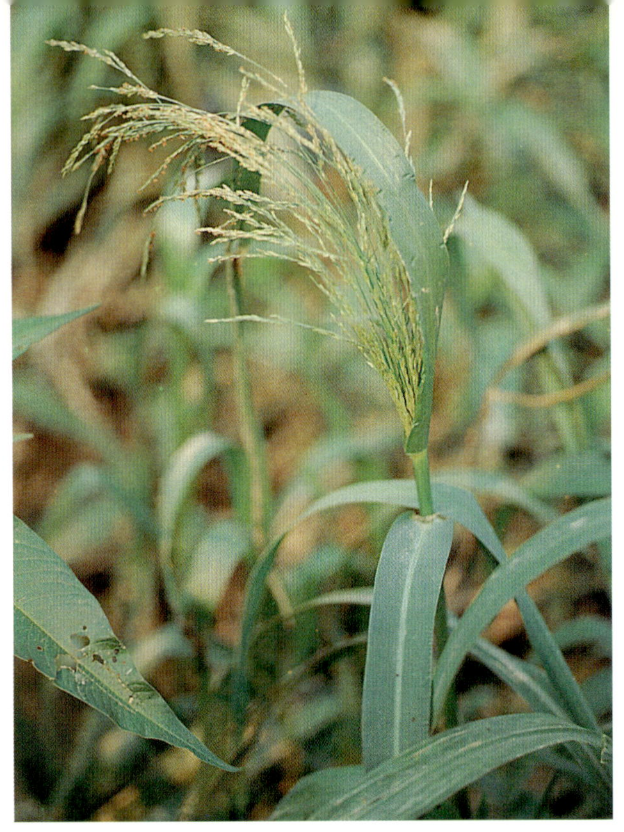

미국개기장(벼과)

Panicum dichotomiflorum MICHX.

북아메리카 원산이며 1964년 서울에서 처음 발견되었다. 지리적으로 남아메리카와 유럽, 아시아 등지에 분포하며 국내에서는 중부와 남부 전역의 빈터, 냇가, 길가에 자라고 있다.

한해살이풀로 식물 전체에 털이 없다. 줄기의 높이는 40 내지 100센티미터이고 잎집은 둥글며 광택이 있다. 잎혀는 작고 가장자리에 털이 있으며 잎새는 길이가 20 내지 50센티미터이고 너비는 8 내지 20밀리미터이다.

꽃은 여름에 피고 원추 꽃차례의 길이는 12 내지 25센티미터이며 각 마디에 1 내지 2개의 가지가 45도로 생긴다. 작은이삭은 달걀 모양의 긴 타원형이며 2 내지 3밀리미터의 길이이다. 제1포영은 작은이삭 길이의 4분의 1 내지 5분의 1이며 작은이삭의 기부를 둘러싼다. 제2포영은 작은이삭과 길이가 같고 5 내지 7맥이 있다. 호영은 제2포영과 크기와 모양이 같고 씨가 생기는 호영은 씨와 함께 떨어진다.

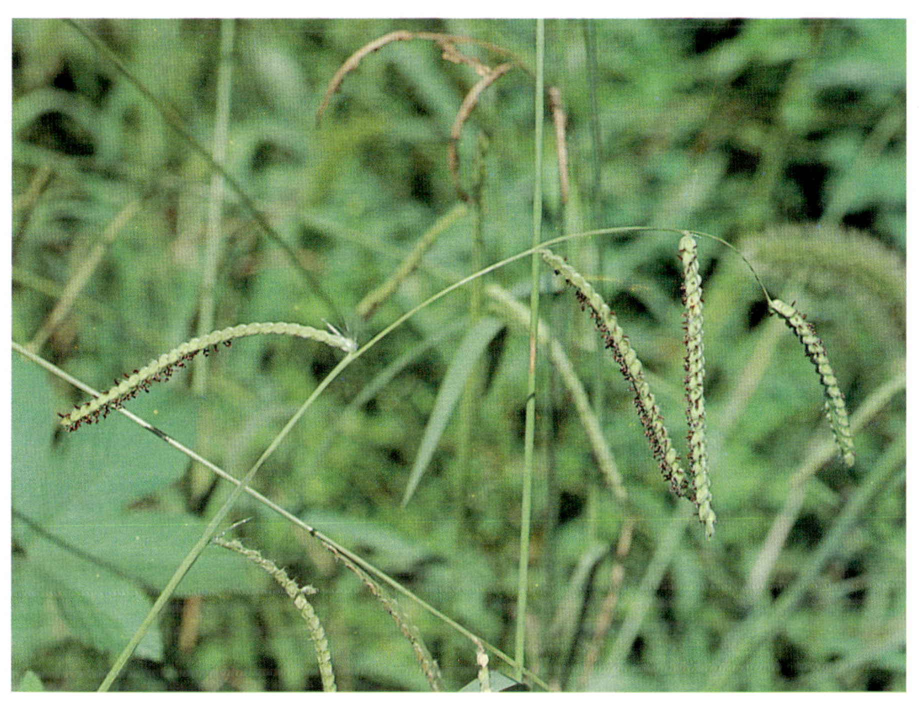

큰참새피(벼과)

큰참새피(벼과)

Paspalum dilatatum POIR.

남아메리카 원산이며 1993년에 알려진 식물이다. 지리적으로 북아메리카, 남부 유럽, 코카서스 그리고 일본 등지에 분포하며 국내에서는 제주도 공항 주변에서 발견되었는데 지금은 저지대 전역에 자라고 있다.

여러해살이풀인데 줄기의 높이는 30 내지 80센티미터이고 곧추선다. 잎집에는 털이 없고 잎혀는 높이가 2 내지 4밀리미터이며 엷은 갈색이다. 잎새는 길이가 10 내지 30센티미터이고 너비는 8밀리미터 안팎이다.

꽃은 8월에서 9월에 피며 3 내지 6개의 총이 있고 총의 길이는 5 내지 9센티미터이다. 총의 분기점(分岐点)에 긴 털이 있으며 2 내지 3열의 작은이삭이 배열되었다. 작은이삭은 알꼴로 길이는 3 내지 3.5밀리미터이고 1밀리미터 정도 길이의 자루가 있다. 포영에는 3맥이 있고 호영의 가장자리에 긴 털이 있어 구별하기가 쉽다. 암술머리와 꽃밥이 흑자색이다.

물참새피(벼과)

Paspalum distichum L.

열대아시아와 열대아메리카 원산이며 1995년에 알려진 식물이다. 지리적으로 북아메리카와 일본에 분포하며 국내에는 제주도 저지대 전역의 습지에 자라고 있다.

여러해살이풀이며 줄기는 곧추서고 길이는 20 내지 40센티미터이다. 기부에서 갈라져 포복하는 줄기는 수미터까지 자란다. 잎집에는 털이 없고 마디의 사이보다 짧다. 잎새는 길이가 5 내지 10센티미터이고 너비는 6 내지 8밀리미터이며 잎혀는 높이가 2밀리미터이다.

꽃은 6월에서 9월에 피며 두 개의 총으로 되고 총의 길이는 4 내지 9센티미터이며 2열로 작은이삭이 붙는다.

또한 물참새피의 변종인 털물참새피(var. *indutum* SHIN.)도 같은 시기에 알려졌는데 이 식물은 서해안 간척지와 북제주에 크게 번지고 있으며 잎집과 줄기의 마디에 털이 많고 총의 수가 2 내지 3개인 것이 특징이다.

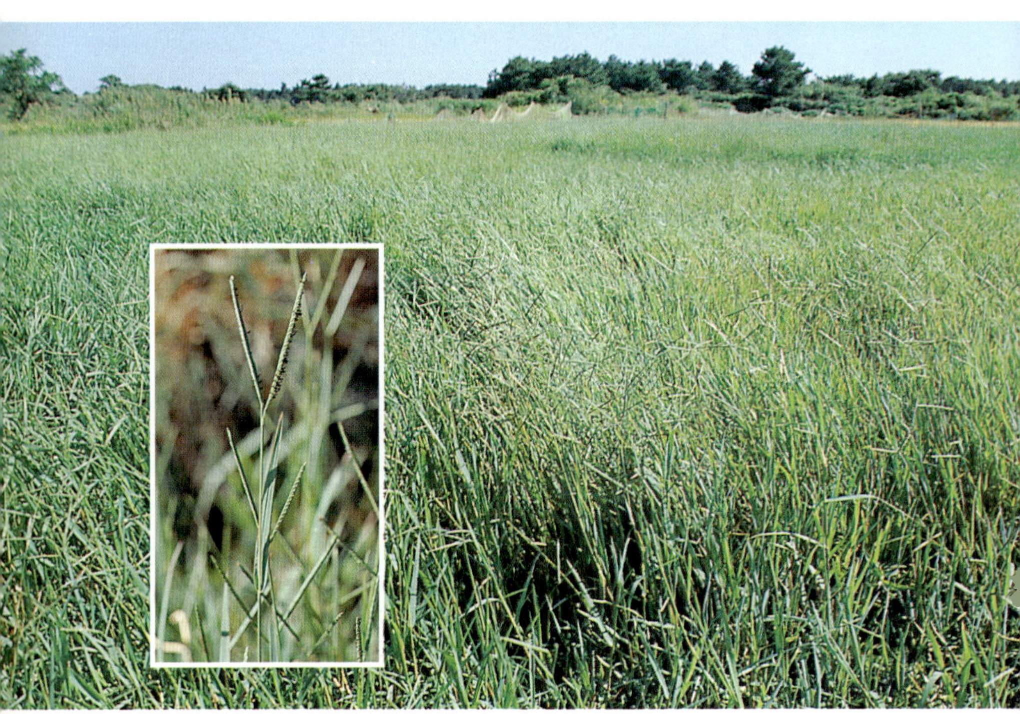

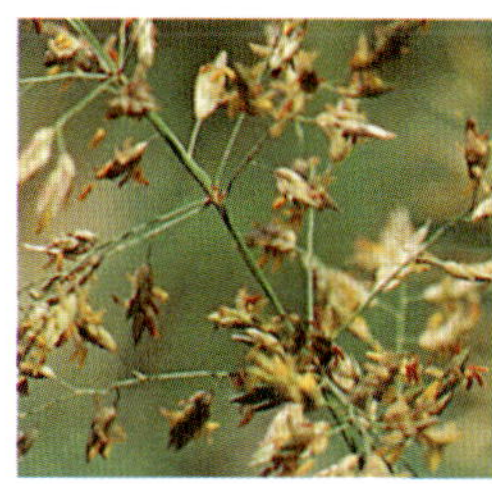

시리아수수새 (벼과)
Sorghum halepense PERS.

지중해 연안이 원산지이며 1993년에 알려진 식물이다. 지리적으로 세계의 열대와 아열대에 널리 분포하며 국내에서는 남부 지방 바닷가 근처와 서해안 일대에 자라는데 최근에는 서울의 난지도에까지 퍼져 있다.

여러해살이풀이다. 줄기의 높이는 100 내지 150센티미터로 키가 크고 아래쪽은 지름이 1센티미터이며 곧게 자란다. 잎새 길이는 20 내지 60센티미터이고 너비는 1 내지 1.5센티미터로 중앙 맥이 굵고 백색이다. 잎집에는 털이 없고 둥글며 잎혀는 높이가 1 내지 2밀리미터로 긴 털이 난다.

꽃은 6월에서 8월에 피며 원추 꽃차례를 이루는데 길이가 20 내지 40센티미터이다. 가지 끝에 작은이삭이 모여 나는데 자루가 있는 것은 수꽃이고 자루가 없는 것은 암꽃이다.

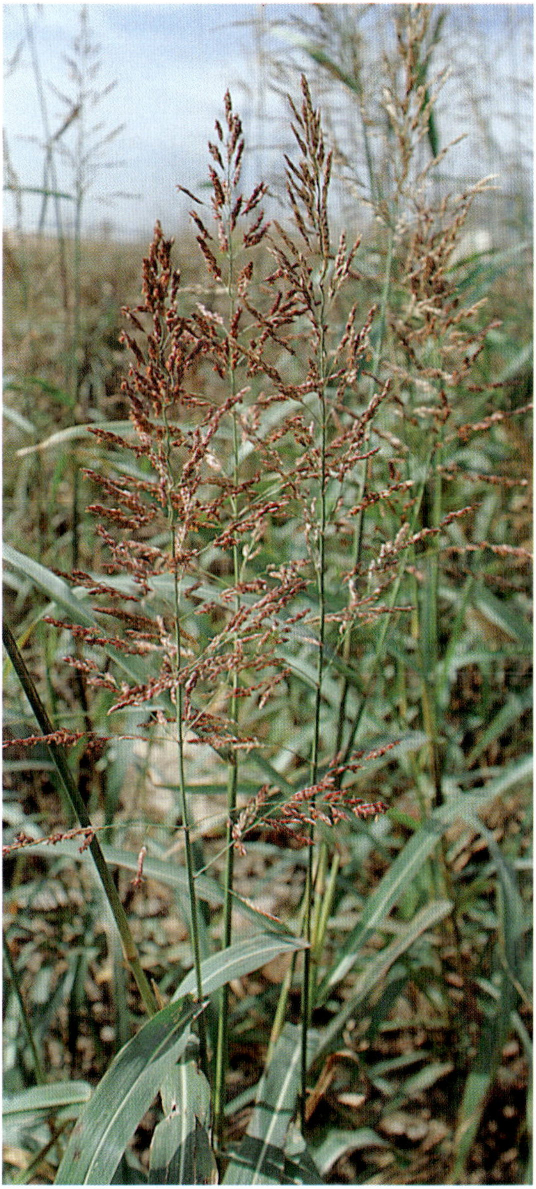

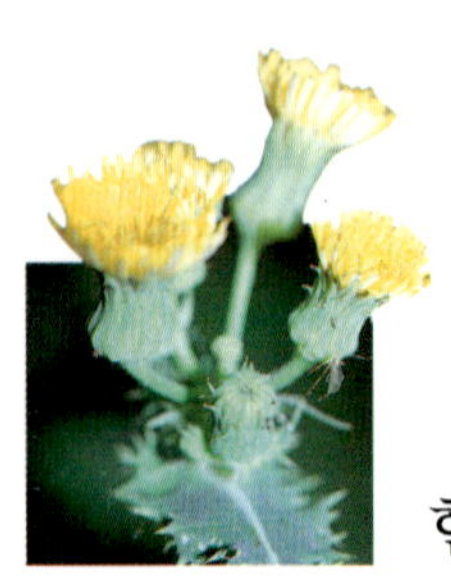

한국의 외래·귀화 식물 찾아보기

참고 문헌

그린스카우트, 『외래식물 사진모음집』, 1996.

박수현, 『한국귀화식물원색도감』, 일조각, 1995.

이창복, 『대한식물도감』, 향문사, 1979.

長田武正, 『原色日本歸化植物圖鑑』, 保育社, 1989.

Britton & Brown, *An illustrated flora of the Northern United States and Canada Vol. I-III,* Dover Publications, INC., New York, 1970.

Gleason & Cronquist, *Manual of vascular plants,* second edition, New York Botanical Garden, 1991.

Melchior, H., *A. Engler's Syllabus der Pflanzenfamilien Band II,* Gebruder Borntraeger, Berlin-Nikolasse, 1964.

Stace, C. A., *New Flora of the British Isles,* The Press Syndicate of the University of Cambridge, 1991.

빛깔있는 책들 301-27

한국의 외래·귀화 식물

글	—박수현
사진	—박수현

회장	—차민도
발행인	—장세우
발행처	—주식회사 대원사

편집	—김분하, 김수영, 연인숙, 최은희
미술	—최효섭, 김석철
기획	—조은정
총무	—이훈, 이규헌, 정광진
영업	—정만성, 강성철, 박은식, 이수일, 최귀심
이사	—이명훈

첫판 1쇄 —1996년 10월 30일 발행
첫판 3쇄 —2001년 6월 30일 발행

주식회사 대원사
우편번호/140-901
서울 용산구 후암동 358-17
전화번호/(02) 757-6717~9
팩시밀리/(02) 775-8043
등록번호/제 3-191호
http://www.daewonsa.co.kr

이 책의 저작권은 주식회사 대원사에
있습니다. 이 책에 실린 글과 그림은,
저자와 주식회사 대원사의 동의가 없
이는 아무도 이용하실 수 없습니다.

잘못된 책은 책방에서 바꿔 드립니다.

㈜ 값 13,000원

© Daewonsa Publishing Co., Ltd.
Printed in Korea(1996)

ISBN 89-369-0189-3 00480

빛깔있는 책들

민속(분류번호 : 101)

고미술(분류번호 : 102)

불교 문화(분류번호 : 103)